高等职业教育土建施工类专业融媒体创新系列教材

装配式建筑施工技术与管理

主 编 李英姬 苏宪新 丁 宁

副主编 王生明 李安凌

中国建筑工业出版社

图书在版编目（CIP）数据

装配式建筑施工技术与管理 / 李英姬，苏宪新，丁宁主编；王生明，李安凌副主编. —北京：中国建筑工业出版社，2022.11

高等职业教育土建施工类专业融媒体创新系列教材

ISBN 978-7-112-27625-7

Ⅰ．①装…　Ⅱ．①李…②苏…③丁…④王…⑤李…　Ⅲ．①装配式构件–建筑施工–施工管理–高等职业教育–教材　Ⅳ．①TU3

中国版本图书馆CIP数据核字（2022）第134989号

责任编辑：徐明怡　张　健
责任校对：李辰馨

高等职业教育土建施工类专业融媒体创新系列教材
装配式建筑施工技术与管理
主　编　李英姬　苏宪新　丁　宁
副主编　王生明　李安凌

*

中国建筑工业出版社出版、发行（北京海淀三里河路9号）
各地新华书店、建筑书店经销
北京鸿文瀚海文化传媒有限公司制版
常州市大华印刷有限公司印刷

*

开本：787毫米×1092毫米　1/16　印张：10¾　字数：206千字
2024年7月第一版　2024年7月第一次印刷
定价：**58.00元**（赠教师课件）
ISBN 978-7-112-27625-7
（39807）

总序
Prologue

近年来，国家高度重视职业教育发展，陆续发布《国家职业教育改革实施方案》《职业院校教材管理办法》《关于推动现代职业教育高质量发展的意见》《中华人民共和国职业教育法》等多项法律法规和政策文件，职业教育迎来了大发展的历史机遇。教材建设属于国家事权，职业院校教材是教学的重要依据、培养人才的重要保障，必须体现党和国家意志，建设一批内容科学先进、编排科学合理、符合课标要求的专业课程教材是职教改革的重要任务。

我们正处在信息技术飞速发展的全媒体时代，教师与学生的"教与学"模式已然发生转变，要运用现代信息技术改进教学方式方法，适应"互联网 + 职业教育"发展需求。职业院校教材应符合技术技能人才成长规律和学生认知特点，充分反映产业发展最新进展，对接科技发展趋势和市场需求，及时吸收比较成熟的新技术、新工艺、新材料、新规范，随信息技术发展、产业升级和技术进步及时动态更新。如何打造具备时代特点、满足教学需求的职业教育教材，是编者、出版单位需要认真思考的重要课题。

"高等职业教育土建施工类专业融媒体创新系列教材"正是为了适应新时期我国建筑工业化、数字化、智能化升级对土建类高素质人才的需求，而组织职业院校的优秀教师、重点企业专家编写的。教材形式新颖、内容简明易懂、数字化资源丰富，满足信息化和个性化教学的需要，凸显新形态教材的特点，具备"先进性、规范性、职业性、实践性"的特点。未来，本系列教材会根据新技术、新工艺、新材料、新设备的发展不断优化完善，依托网络平台动态更新，满足院校师生的教学要求。

本套教材的出版，凝聚了各位编写人员、审查人员及编辑的辛勤劳动，得到了有关院校的大力支持。上海盛尚文化传播有限公司在教材策划及配套数字资源的建设方面做出了很大贡献。大家的共同努力，为本套教材的高质量出版提供了保障。希望本套教材的出版能满足广大院校的要求，为建设行业的人才培养做出贡献。

胡兴福

2022 年 9 月

在碳中和背景下我国加快发展"中国建造",推动建筑产业转型升级,包括推动智能建造和新型建筑工业化协同发展,积极推广装配式建筑新型建造方式。2016年9月《国务院办公厅关于大力发展装配式建筑的指导意见》明确指出:"健全标准规范体系、创新装配式建筑设计、优化部品部件生产、提升装配施工水平、推进建筑全装修、推广绿色建材、推行工程总承包、确保工程质量安全"8项重大任务,发展装配式建筑是促进建筑业转型升级的重要手段之一。目前全国各地政府出台了装配式建筑的指导意见和相关补助标准,并对装配式建筑的发展提出了明确要求。

为适应高素质"技术+管理"复合型人才培养的需要,大力推广装配式建筑,培养和提高建筑行业人员的理论与岗位能力水平,编者依据装配式建筑相关的现行规范、规程的要求,组织编写了本书。

本书注重工程实践经验的总结,结合装配式建筑建造方式,将装配式建筑技术、管理与传统建筑业相融合,从设计、生产、施工、管理等各环节、各专业进行系统整合,并以视频、虚拟仿真等数字化的形式把主要施工工艺流程展现给读者;力求适应新型建筑工业化、信息化的发展要求,指导高等职业院校和现场施工人员掌握装配式建筑技术和管理的职业技能,便于读者在工程实践中操作应用。本书可作为教材或参考资料,也可用于对现场施工人员进行职业技能培训。

本书采用校企合作的模式共同编写、开发完成,由上海应用技术大学李英姬拟定编写大纲,并进行全书的统稿工作。本书第1章由上海应用技术大学李英姬编写,第2章由上海市建筑装饰工程集团有限公司丁宁编写,第3章由南京安居建合建筑科技有限公司王生明编写,第4章由中国建筑第二工程局有限公司苏宪新编写,第5章由世茂地产西部地区公司李安凌编写。本书中利用思维导图归纳整理了每个章节的主要内容和需要掌握的知识点。

　　本书在编写过程中得到了上海红瓦信息科技有限公司、上海维启信息技术有限公司以及中国建筑工业出版社有关领导和编辑同志们的热心指导。本书在编写时参阅了大量文献，引用了有关专家、同行的研究成果，在此一并表示衷心感谢。

　　由于编写者水平有限，书中难免有疏漏和不足之处，敬请广大读者批评指正。

为适应新形态国家职业教育的发展，实现"互联网＋教育"新形态融媒体教学，本教材对装配式建筑混凝土工程各主要结构体系的设计、施工技术与施工管理进行了比较全面的介绍。

全书由 5 章组成，第 1 章主要介绍装配式混凝土建筑基本知识，第 2 章主要介绍装配式建筑设计技术以及深化设计相关的基本知识，第 3 章主要介绍预制混凝土构件生产、制作工艺流程及生产质量检验知识，第 4 章主要介绍装配式混凝土建筑施工技术，第 5 章主要介绍装配式混凝土建筑施工管理的相关知识。

本教材与行业发展紧密结合，教材编写力求做到与"1+X"职业技能等级证书考核内容接轨，提供了大量现场案例、施工过程展示视频，可作为土木工程专业、工程管理专业本、专科教材，也可作为施工技术管理人员的参考用书。

李英姬

上海应用技术大学副教授，工学博士（日本名古屋工业大学）。主要研究方向为钢结构抗震、建筑安全工程、装配式混凝土结构。主持和参加科研及工程项目十余项，发表论文十余篇，主编出版《建筑施工安全技术》《建筑施工安全技术与管理》2 本教材。2015 年获《第十五届全国多媒体课件大赛》高教工科组三等奖，完成上海应用技术大学《装配式建筑预制构件安装连接虚拟仿真实验》教改项目，获软件职务开发专利 1 项。完成教育部 2019 年第一批产学合作协同育人项目"装配式一体化虚拟仿真实训中心建设"，自 2016 年起连续多年带领学生参加全国高等院校 BIM 应用技能大赛并取得好成绩，获 2019 年第四届全国建设类院校施工技术应用技能大赛团队三等奖及优秀指导老师奖。

苏宪新

中级工程师，毕业于西安建筑科技大学工程管理专业，先后就职于中建二局安装公司和中建二局华东公司，自 2012 年开始主要从事装配式建筑工程施工管理，并获发明专利 1 项，实用新型专利 6 项，省级工法 4 项，科技成果鉴定 7 项。参与编写了江苏省地方标准《装配整体式混凝土结构检测技术规程》DB32/T 3754—2020 和《装配式结构工程施工质量验收规程》DBJ 32/J 184（修订版）。个人荣获江苏省文明职工、中建集团优秀共产党员、全国五一劳动奖章、苏宪新全国示范性劳模和工匠人才创新工作室（装配式建筑施工技术研究）等多项荣誉。参与施工的南京上坊北侧经济适用房部分工程项目荣获 2014—2015 年度中国建设工程鲁班奖，南京丁家庄二期地块保障性住房项目荣获 2018—2019 年度中国建设工程鲁班奖、第十九届中国土木工程詹天佑奖。

丁 宁

国家一级建造师，中级工程师，修缮工程技术人员。2011 年本科毕业于上海应用技术学院土木工程专业，同年获得第十二届挑战杯全国大学生课外学术科技作品竞赛三等奖（上海市二等奖）。毕业后就职于上海建工一建集团有限公司，一直从事工程技术工作，获实用新型专利 1 项。任装饰事业部苏皖区域公司总工程师 3 年，期间曾参与装配式实施比例为 50% 的 EPC 项目策划与实施。2022 年入职上海市建筑装饰工程集团有限公司。

上智云图
使用说明

一册教材 = 海量教学资源 = 开放式学堂

微课视频
知识要点
名师示范
扫码即看
备课无忧

教学课件
教学课件
精美呈现
下载编辑
预习复习

在线案例
具体案例
实践分析
加深理解
拓展应用

拓展学习
课外拓展
知识延伸
强化认知
激发创造

素材文件
多样化素材
深度学习
共建共享

"上智云图"为学生个性化
定制课程，让教学更简单。

PC 端登录方式：www.szytu.com

详细使用说明请参见网站首页
《教师指南》《学生指南》

　　本教材是基于移动信息技术开发的智能化教
材的一种探索。为了给师生提供更多增值服务，
由"上智云图"提供本系列教材的所有配套资源
及信息化教学相关的技术服务支持。如果您在使
用过程中有任何建议或疑问，请与我们联系。

课程兑换码

教材课件索取方式：
1. 邮箱 :jckj@cabp.com.cn;
2. 电话 :(010)58337285;
3. 建工书院 :http://edu.cabplink.com;
4. 上智云图: www.szytu.com。

目录
Contents

第 1 章
装配式混凝土建筑基本知识

装配式混凝土建筑基本知识

相关基本概念
- 基本术语 —— 装配式建筑、部品、部件、装配率等
- "六化一体"特点 —— 标准化设计、工厂化生产、装配化施工、一体化装修、信息化管理、智能化应用
- 职业道德与素养 —— 锐意创新、遵纪守法、质量第一、建筑安全、工匠精神、廉洁节俭

装配式混凝土建筑评价标准
- 评价单元和评价方法 —— 少规格、多组合的单体建筑，预评价和项目评价
- 四大基本标准 —— 主体结构、围护墙和内隔墙、全装修、装配率
- 装配率计算方法 —— 装配率计算公式、装配率评分表、各构件应用比例的计算

装配式建筑结构体系
- 装配整体式框架结构 —— 基本结构形式及特点、常见的预制构件、节点连接技术手段、连接构造
- 装配整体式框架–现浇剪力墙结构 —— 技术要点、基本结构形式及特点、关键构件、节点连接技术手段
- 装配整体式剪力墙结构 —— 技术要点、基本结构形式及特点、关键构件连接技术、应用场景
- 部品、部件 —— 预制柱、预制墙板、套筒、外门窗、保温连接件
- 常用图例及符号 —— 常用图例及符号的表示

建筑材料与施工要求
- 混凝土 —— 混凝土强度、和易性、变形性能及耐久性、后浇混凝土要求
- 钢筋和钢材 —— 高强度钢筋、钢筋机械性能要求、钢筋连接材料要求
- 钢筋连接技术 —— 套筒灌浆连接技术要求、套筒灌浆料、浆锚搭接连接方法

在绿色化、智能化、数字化的时代背景下，我国大力发展装配式混凝土建筑，加快推进建筑产业现代化，促进建筑业转型升级。装配式混凝土建筑不仅仅是建造方式的变革，也是我国建筑实现"建造→智慧建造→智能制造"的关键途径之一，有利于节约资源能源、减少建筑污染、提升劳动生产率和质量安全水平。

装配式混凝土建筑工业化主要体现在建筑设计标准化、构配件生产工厂化、施工作业装配化三部分。发展装配式混凝土建筑有利于促进建筑业与信息化、工业化深度融合、培育新产业和新动能，实现建筑产业转型与技术升级。

标准化设计、工厂化生产、装配化施工、一体化装修、信息化管理、智能化应用是新型装配式混凝土建筑的发展方向。

1.1 装配式混凝土建筑相关的基本概念

2016 年国务院办公厅印发了《关于大力发展装配式混凝土建筑的指导意见》。2017 年住房和城乡建设部发布了国家标准《装配式建筑评价标准》GB/T 51129—2017，有力推进了装配式混凝土建筑施工技术发展进入快车道。2020 年 2 月 25 日，人力资源社会保障部、国家市场监管总局、国家统计局印发《关于发布智能制造工程技术人员等职业信息的通知》，其中装配式混凝土建筑施工员是 16 个新职业之一。装配式混凝土建筑人才队伍的建设是行业发展的关键，装配式混凝土建筑施工员作为新职业公布，表明了国家对于建筑行业职业发展的关注和肯定，也将对合理配置行业人员、优化从业人员结构产生积极作用。

1.1.1　基本术语

1．装配式建筑。结构系统、外围护系统、设备与管线系统及内装系统的主要部分采用预制部品部件集成的建筑。

2．装配式混凝土结构。由预制混凝土构件通过可靠的连接方式装配而成的混凝土结构。

3．装配整体式混凝土结构。由预制混凝土构件通过可靠的方式进行连接并与现场后浇混凝土、水泥基灌浆料形成整体的装配式混凝土结构。简称装配整体式结构。

4．建筑系统集成。以装配化建造方式为基础，统筹策划、设计、生产和施工等，实现建筑结构系统、外围护系统、设备与管线系统、内装系统一体化的过程。

5．部件。在工厂或现场预先生产制作完成，构成建筑结构系统的结构构件及其他构件的统称。

6．部品。在工厂生产，构成外围护系统、设备与管线系统、内装系统的建筑单一产品或复合产品组装而成的功能单元的统称。

7．装配式混凝土建筑施工员。是指在装配式混凝土建筑施工过程中从事构件安装、进度控制和项目现场协调的人员。

8．装配率。单体建筑室外地坪以上的主体结构、围护墙和内隔墙、装修和设备管线等采用预制部品部件的综合比例。

9．建筑信息模型。在建设工程及设施全生命周期内，对其物理和功能特性进行数字化表达，并依此设计、施工、运营的过程和结果的总称。

10．信息化管理。运用信息化手段，把设计、采购、生产、物流、施工、财务、运营、管理等各个环节集成起来，实现装配式混凝土建筑建设全流程的有效管理。

1.1.2　装配式混凝土建筑的主要特点

发展装配式混凝土建筑是建造方式的重大变革，通过发展装配式实现生产方式的转变。与传统的建筑设计、施工、材料三方以平行方式存在于项目进程中不同，装配式混凝土建筑设计、生产、施工三方环环相扣，是以系统化思维模式和一体化建造方法进行建造。在设计阶段采用一体化、信息化协同设计，在施工阶段实行装配化、专业化和精细化施工，装修可以随主体结构同步进行，减少二次装修带来的施工污染和建筑垃圾。以施工单位主导的 EPC 总承包管理模式可以对设计、勘察、采购、施工等实行全过程承包，并对其所承包工程的质量、安全、费用和进度进行负责，达到整体效益最大化。

装配式混凝土建筑的核心是"集成"，其主要特点是标准化设计、工厂化生产、装配化施工、一体化装修、信息化管理、智能化应用的"六化一体"建造方式。

1. 标准化设计

标准化设计是指在一定时期内，面向通用产品，采用共性条件，制定统一的标准和模式，开展适用范围比较广泛的设计，适用于技术上成熟、经济上合理、市场容量充裕的产品设计。

装配式混凝土建筑标准化设计的核心是建立标准化的部品部件单元。住房和城乡建设部标准定额司 2020 年 9 月份提出，将构建"1+3"标准化设计和生产体系，即启动编制 1 项装配式住宅设计选型标准、3 项主要构件和部品部件尺寸指南，引导生产企业和设计单位、施工单位就构件和部品部件的常用尺寸进行协调统一，发挥标准化的引领作用，提高装配式混凝土建筑设计、生产、施工效率，全面打通装配式住宅设计、生产和工程施工环节，推动全产业链协同发展。

2. 工厂化生产

工厂化生产是综合运用现代高科技、新设备和管理方法而发展起来的一种全面机械化、自动化、技术高度密集型的生产，能够在人工创造的环境（如工厂）中进行全过程的连续作业，从而摆脱自然环境的制约。

工厂化生产把传统建造方式中的大量现场湿作业工作转移到工厂进行，在工厂加工制作建筑用构件和配件（如楼板、墙板、楼梯、阳台等），工厂化的精细化生产实现产品品质的提升，结合现场机械化、工序化的建造方式，实现装配式建造工程整体质量和效率的提升。

3. 装配化施工

装配化施工是通过一定的施工方法及工艺，将预先制作好的建筑用构件和配件运输到建筑施工现场，通过可靠的连接方式在现场装配安装的施工方式。装配化施工能够有效避免气候、环境等因素对施工周期带来的负面影响，可以实现机械化施工，减少用工，缩短工期，提高建筑品质。

4. 一体化装修

一体化装修是指装修工作与预制构件的设计、生产、制作、装配施工一体化来完成，实现装配式混凝土建筑装饰装修与主体结构、机电设备协同施工。标准化、集成化、模块化的装修模式，可以促进整体厨卫、轻质隔墙等材料、产品和设备管线集成技术应用，"系统集成"提高质量和性能，减少人工，降低综合成本，品质统一有保证，形成节能环保的建筑产品新体系。

5. 信息化管理

信息化管理是指将现代化信息技术与先进的管理理念相融合，转变行业的生产方式、经营方式、业务流程、传统管理方式和组织方式，重新整合内外部资源，提高效率和效益。信息化管理是基于智慧工地理论，集成 BIM、物联网、互联网和大数据等先进信息技术，以信息化带动工业化，实现行业管理现代化的过程。

6. 智能化应用

装配式混凝土建筑智能化应用，是指以建筑为平台，兼备建筑设备、办公自动化及通信网络系统，集结构、系统、服务、管理及它们之间的最优化组合，向人们提供一个安全、高效、舒适、便利的建筑环境。国家大力推进建筑信息模型在设计、生产、施工与运维全生命周期的应用，推广智能办公、楼宇自动化系统，推动大数据技术、5G、射频识别（RFID）及二维码识别等技术在装配式混凝土建筑建设和管理中的集成应用。

1.1.3 建筑业从业人员职业道德和素养

职业道德和素养是从业人员综合素质的基础并起着主导作用。加强职业道德建设是社会主义精神文明建设的一项重要内容，是一个国家、民族经济发展和社会文明的重要标志之一。我国《新时代公民道德建设实施纲要》提出，坚持马克思主义道德观、社会主义道德观，倡导共产主义道德，以为人民服务为核心，以集体主义为原则。同时，要把社会公德、职业道德、家庭美德、个人品德建设作为着力点。

住房和城乡建设部办公厅于 2021 年印发的《关于加快培育新时代建筑产业工人队伍的指导意见》，提出了建筑产业工人队伍的培育目标，深化建筑用工制度改革，完善建筑工人职业技能培训体系，推动建筑业农民工向建筑工人转变等重点任务。良好的行业文化和职业操守是行业持续健康发展的根基，推动和打造健康高质量的建筑行业市场，需要不断提升建筑行业职业道德和素养，培养和造就担当民族复兴大任的时代新人。

1. 建筑行业职业道德定义

建筑行业职业道德是指从事建筑行业的人们在生产、施工实践中所应遵循的符合职业特点所要求的道德标准、行为规范、道德情操和道德品质的综合。

2. 建筑企业职业道德行为准则

（1）锐意创新，科学发展

认真贯彻执行国家方针政策，解放思想，拓宽事业，自觉践行科学发展观，务实

装配式建筑施工技术与管理

创新，以先进的理念引领行业发展战略，持续推进产业结构和生产方式转型升级，推进行业的持续健康发展，增强建筑行业在国内外市场上的核心竞争力。

（2）遵纪守法，诚信经营

自觉遵守法律法规，严格按规章制度办事。清正廉洁，克己奉公，艰苦奋斗，勤俭创业，认真履行职责，抵制和纠正不正之风。重信誉、讲信用，公平竞争，诚信经营。事事处处为用户着想，坚持保修回访服务制度，努力追求让用户满意。自觉履行企业社会责任，为公益慈善事业作贡献。

（3）追求质量，重视安全

牢固树立"百年大计，质量第一"观念，精心组织、科学施工，努力为用户提供合格的建筑产品。坚持安全第一、预防为主，关爱员工，关爱生命，杜绝违章作业，及时消除各类事故隐患。节能减排，保护环境，工完场清，工地文明。

（4）密切配合，团结协作

树立整体意识，发扬团队精神，胸怀大局，团结进取。严于律己，宽以待人，分工协作，密切配合，沟通顺畅，管理高效，自觉维护行业形象和集体荣誉。

（5）敬业爱岗，精通业务

大力弘扬"工匠精神"，以强烈的事业心和责任感，献身建设事业。忠于职守，一丝不苟，勤奋学习，任劳任怨，立志岗位成才，出色完成本职工作。干一行、爱一行、专一行，刻苦钻研业务知识，不断提高自身素质，练就过硬本领，适应时代和行业发展要求。

（6）廉洁节俭，不谋私利

襟怀坦荡，廉洁奉公，不以工作和职务之便谋取个人或小团体利益。勤俭创业，艰苦奋斗，反对铺张浪费，努力降低成本。

3．职业素养

建筑与市政工程施工现场专业人员应具备下列职业素养：

（1）具有社会责任感和良好的职业操守，诚实守信，严谨务实，爱岗敬业，团结协作；

（2）遵守相关法律法规、标准和管理规定；

（3）树立安全至上、质量第一的理念，坚持安全生产、文明施工；

（4）具有节约资源、保护环境的意识；

（5）具有终生学习的理念，不断学习新知识、新技能。

1.2 装配式混凝土建筑评价标准

装配式混凝土建筑的装配化程度由装配率来评价。构成装配率的衡量指标包括装配式混凝土建筑的主体结构、围护墙体和分隔墙体、装修与设备管线等部分的装配比例。

1.2.1 评价单元的确定

为了体现装配式混凝土建筑标准化设计的原则，装配式混凝土建筑评价单元的划分应坚持预制部品部件少规格、多组合。装配率计算和装配式混凝土建筑等级评价应以单体建筑作为计算和评价单元，并应符合下列规定：

（1）单体建筑应按项目规划批准文件的建筑编号确认。

（2）建筑由主楼和裙房组成时，主楼和裙房可按不同的单体建筑进行计算和评价。

（3）单体建筑的层数不大于3层，且地上建筑面积不超过500m^{2}时，可由多个单体建筑组成建筑组团作为计算和评价单元。

1.2.2 评价的方法

为保证装配式混凝土建筑评价质量和效果，切实发挥评价工作的指导作用，装配式混凝土建筑评价分为项目评价和预评价。装配式混凝土建筑评价应符合下列规定：

（1）设计阶段宜进行预评价，并应按设计文件计算装配率

为促使装配式混凝土建筑设计理念尽早融入项目实施过程中，项目宜在设计阶段进行预评价。如果预评价结果不满足装配式混凝土建筑评价的相关要求，项目可结合预评价过程中发现的不足，通过调整或优化设计方案使其满足要求。预评价是对设计方案做出预判，为施工图审查提供项目统计和管理依据，但不是强制要求。

（2）项目评价应在项目竣工验收后进行，并应按竣工验收资料计算装配率和确定评价等级

项目评价应在竣工验收后，按照竣工资料和相关证明文件进行项目评价。项目评价是装配式混凝土建筑评价的最终结果，评价内容包括计算评价项目的装配率和确定评价等级。项目评价结果主要用于相关政策执行的依据。

1.2.3　认定评价标准

装配式混凝土建筑评价应同时满足四大基本标准：

（1）主体结构部分的评价分值不低于 20 分

主体结构包括柱、支撑、承重墙、延性墙板等竖向构件以及梁、楼板、阳台、空调板等水平构件。装配式混凝土建筑主体结构竖向构件中预制部品部件的应用比例不低于 35% 时，可进行装配式混凝土建筑等级评价。

（2）围护墙和内隔墙部分的评价分值不低于 10 分

新型建筑围护墙体的应用对提高建筑品质、建造模式的改变等都具有重要意义，积极引导和逐步推广新型建筑围护墙体也是装配式混凝土建筑的重点工作。非砌筑是新型建筑围护墙体的共同特征之一，非砌筑类型墙体包括各种中大型板材、幕墙、木骨架或轻钢骨架复合墙体等，应满足工厂生产、现场安装、以"干法"施工为主的要求。

（3）采用全装修

全装修是指建筑功能空间的固定面装修和设备设施安装全部完成，达到建筑使用功能和性能的基本要求。

不同建筑类型的全装修内容和要求可能是不同的。对于居住、教育、医疗等建筑类型，在设计阶段即可明确建筑功能空间对使用和性能的要求及标准，应在建造阶段实现全装修。对于办公、商业等建筑类型，其建筑的部分功能空间对使用和性能的要求及标准等，需要根据承租方的要求进行确定时，应在建筑公共区域等非承租部分实施全装修，并对实施"二次装修"的方式、范围、内容等做出明确规定，评价时可结合两部分内容进行。

（4）装配式混凝土建筑的装配率不低于 50%

装配化装修是装配式混凝土建筑的倡导方向。装配化装修是将工厂生产的部品部件在现场进行组合安装的装修方式，主要包括干式工法楼（地）面、集成厨房、集成卫生间、管线分离等方面的内容。

1.2.4　装配率计算方法

1. 单体建筑装配率 P 应根据表 1-1 中评价项分值计算

$$P = \frac{Q_1 + Q_2 + Q_3}{100 - Q_4} \times 100\% \qquad (1-1)$$

式中　P——单体建筑装配率；

　　Q_1——主体结构指标实际得分值；

　　Q_2——围护墙和内隔墙指标实际得分值；

Q_3——装修和设备管线指标实际得分值；

Q_4——单体建筑评价项目中缺少的评价项分值总和。

装配式建筑评分表　　　　　　　　　　　　表 1-1

评价项		评价要求	评价分值	最低分值
主体结构 Q_1 （50分）	柱、支撑、承重墙、延性墙板等竖向承重构件	35% ≤ 比例 ≤ 80%	20 ~ 30*	20
	梁、板、楼梯、阳台、空调板等构件	70% ≤ 比例 ≤ 80%	10 ~ 20*	
围护墙和内隔墙系统 Q_2 （20分）	非承重围护墙非砌筑	比例 ≥ 80%	5	10
	围护墙与保温、隔热、装饰一体化	50% ≤ 比例 ≤ 80%	2 ~ 5*	
	内隔墙非砌筑	比例 ≥ 50%	5	
	内隔墙与管线、装饰一体化	50% ≤ 比例 ≤ 80%	2 ~ 5*	
装修和设备管线 Q_3 （30分）	全装修	—	6	6
	干式法楼面、地面	≥ 70%	6	
	集成厨房	70% ≤ 比例 ≤ 90%	3 ~ 6*	—
	集成卫生间	70% ≤ 比例 ≤ 90%	3 ~ 6*	
	管线分离	50% ≤ 比例 ≤ 70%	4 ~ 6*	

注：表中带 * 项的分值采用"内插法"计算，计算结果取小数点后一位。

2. 竖向承重构件

柱、支撑、承重墙、延性墙板等主体结构竖向构件主要采用混凝土材料时，预制部品部件的应用比例应按下式计算：

$$q_{1a} = \frac{V_{1a}}{V} \times 100\% \qquad （1-2）$$

式中　q_{1a}——柱、支撑、承重墙、延性墙板等主体结构竖向构件中预制部品部件的应用比例；

　　　V_{1a}——柱、支撑、承重墙、延性墙板等主体结构竖向构件中预制混凝土体积之和；

　　　V——柱、支撑、承重墙、延性墙板等主体结构竖向构件混凝土总体积。

当符合下列规定时，主体结构竖向构件间连接部分的后浇混凝土可计入预制混凝土体积计算。

（1）预制剪力墙板之间宽度不大于 600mm 的竖向现浇段和高度不大于 300mm 的水平后浇带、圈梁的后浇混凝土体积；

（2）预制框架柱和框架梁之间柱梁节点区的后浇混凝土体积；

（3）预制柱间高度不大于柱截面较小尺寸的连接区后浇混凝土体积。

装配式建筑施工技术与管理

3．水平构件

梁、板、楼梯、阳台、空调板等构件中预制部品部件的应用比例应按下式计算：

$$q_{1b}=\frac{A_{1b}}{A}\times100\% \tag{1-3}$$

式中　q_{1b}——梁、板、楼梯、阳台、空调板等构件中预制部品部件的应用比例；

A_{1b}——各楼层中预制装配梁、板、楼梯、阳台、空调板等构件的水平投影面积之和；

A——各楼层建筑平面总面积。

预制装配式楼板、屋面板的水平投影面积可包括：

（1）预制装配式叠合楼板、屋面板的水平投影面积；

（2）预制构件间宽度不大于300mm的后浇混凝土带水平投影面积；

（3）金属楼承板和屋面板、木楼盖和屋盖及其他在施工现场免支模的楼盖和屋盖的水平投影面积。

4．围护墙和内隔墙非砌筑

（1）非承重围护墙中非砌筑墙体的应用比例应按下式计算：

$$q_{2a}=\frac{A_{2a}}{A_{w1}}\times100\% \tag{1-4}$$

式中　q_{2a}——非承重围护墙中非砌筑墙体的应用比例；

A_{2a}——各楼层非承重围护墙中非砌筑墙体的外表面积之和,计算时可不扣除门、窗及预留洞口等的面积；

A_{w1}——各楼层非承重围护墙外表面总面积，计算时可不扣除门、窗及预留洞口等的面积。

（2）围护墙采用墙体、保温、隔热、装饰一体化的应用比例应按下式计算：

$$q_{2b}=\frac{A_{2b}}{A_{w2}}\times100\% \tag{1-5}$$

式中　q_{2b}——围护墙采用墙体、保温、隔热、装饰一体化的应用比例；

A_{2b}——各楼层围护墙采用墙体、保温、隔热、装饰一体化的墙面外表面积之和，计算时可不扣除门、窗及预留洞口等的面积；

A_{w2}——各楼层围护墙外表面总面积，计算时可不扣除门、窗及预留洞口等的面积。

（3）内隔墙中非砌筑墙体的应用比例应按下式计算：

$$q_{2c}=\frac{A_{2c}}{A_{w3}}\times100\% \tag{1-6}$$

式中 q_{2c}——内隔墙中非砌筑墙体的应用比例；

A_{2c}——各楼层内隔墙中非砌筑墙体的墙面面积之和，计算时可不扣除门、窗及预留洞口等的面积；

A_{w3}——各楼层内隔墙墙面总面积，计算时可不扣除门、窗及预留洞口等的面积。

（4）内隔墙采用墙体、管线、装修一体化的应用比例应按下式计算：

$$q_{2d}=\frac{A_{2d}}{A_{w3}} \times 100\% \qquad （1-7）$$

式中 q_{2d}——内隔墙采用墙体、管线、装修一体化的应用比例；

A_{2d}——各楼层内隔墙采用墙体、管线、装修一体化的墙面面积之和，计算时可不扣除门、窗及预留洞口等的面积。

5. 装修和设备管线

（1）干式工法楼面、地面的应用比例应按下式计算：

$$q_{3a}=\frac{A_{3a}}{A} \times 100\% \qquad （1-8）$$

式中 q_{3a}——干式工法楼面、地面的应用比例；

A_{3a}——各楼层采用干式工法楼面、地面的水平投影面积之和。

（2）集成厨房干式工法应用比例

集成厨房的橱柜和厨房设备等应全部安装到位，墙面、顶面和地面中干式工法的应用比例应按下式计算：

$$q_{3b}=\frac{A_{3b}}{A_k} \times 100\% \qquad （1-9）$$

式中 q_{3b}——集成厨房干式工法的应用比例；

A_{3b}——各楼层厨房墙面、顶面和地面采用干式工法的面积之和；

A_k——各楼层厨房的墙面、顶面和地面的总面积。

（3）集成卫生间干式工法应用比例

集成卫生间的洁具设备等应全部安装到位，墙面、顶面和地面中干式工法的应用比例应按下式计算：

$$q_{3c}=\frac{A_{3c}}{A_b} \times 100\% \qquad （1-10）$$

式中 q_{3c}——集成卫生间干式工法的应用比例；

A_{3c}——各楼层卫生间墙面、顶面和地面采用干式工法的面积之和；

A_b——各楼层卫生间墙面、顶面和地面的总面积。

（4）管线分离比例应按下式计算：

$$q_{3d} = \frac{L_{3d}}{L} \times 100\% \qquad (1-11)$$

式中　q_{3d}——管线分离比例；

　　　　L_{3d}——各楼层管线分离的长度，包括裸露于室内空间以及敷设在地面架空层、非承重墙体空腔和吊顶内的电气、给水排水和采暖管线长度之和；

　　　　L——各楼层电气、给水排水和采暖管线的总长度。

1.3　装配式混凝土建筑结构体系基本知识

装配式混凝土建筑结构是指由预制混凝土构件通过可靠的连接方式装配而成的混凝土结构。装配式混凝土结构体系按照结构形式可分为装配整体式框架结构、装配整体式剪力墙结构、装配整体式部分框支剪力墙结构、装配整体式预制框架—现浇剪力墙结构等。

装配式混凝土建筑技术实施的关键是构件深化设计和构件连接技术，在进行结构分析时，装配整体式混凝土结构具有与现浇结构完全等同的整体性、安全性、一致性。装配式混凝土建筑的常见管理模式是以施工为龙头的工程总承包（EPC）管理模式。

装配式混凝土建筑结构有以下建造特点：

（1）施工较为便捷，有利于缩短建筑周期

装配式混凝土建筑结构的重点在于预制构件，施工现场按照一定的施工工艺流程组装预制构件即可，混凝土现浇作业大大减少，原本复杂的建筑施工变简单，从而极大提升了建筑施工的效率，可有效保障建筑施工能在规定时间内完成，避免施工延误情况的发生。

（2）节能环保、有效减少施工污染

传统建筑施工材料浪费现象严重，建造过程伴有施工扬尘、噪声、建筑垃圾等。装配式混凝土建筑结构施工以干法作业为主，现场原始现浇作业极少，无尘、节水、节能、节材，有效减少能源消耗以及环境污染，从而对施工环境进行保护，使绿色施工成为可能。

（3）全面实现工业化生产

传统建造方式对人工的依赖性较高，工人素质参差不齐，建筑品质很难控制。而装配式预制构件在预制构件厂生产制作，避免露天作业的恶劣环境，生产过程中可对温度、湿度等条件进行控制，并能实现工业机械化生产，可有效保障构件的生产质量，且可较大幅度提升构件的生产效率。

1.3.1 装配整体式框架结构

1. 结构体系

装配整体式框架结构是指全部或部分框架梁、柱采用预制构件建成的装配整体式混凝土结构，简称装配整体式框架结构（图1-1）。

图1-1 装配整体式框架结构

框架结构的构件设计易于标准化、定型化，有利于缩短工期；由于楼板采用叠合板、框架梁采用叠合梁、节点采用现浇，结构的整体性、刚度较好；施工现场湿作业少，较易实现大空间，技术体系成熟。装配整体式框架结构主要用于开敞大空间的办公楼、商场、教学楼、商务楼以及工业厂房等建筑，近年来也逐渐应用于居民住宅等民用建筑。但是框架结构连接接缝位于受力关键部位，框架节点应力集中显著，连接节点区要求高、施工复杂。框架结构的侧向刚度小，在强烈地震作用下水平位移较大，建筑高度和层高受限制。

2. 常见的预制构件

装配整体式框架结构的预制构件包括预制柱、预制叠合梁、预制叠合板、全预制楼梯、预制外挂墙板、预制阳台等。

预制梁柱常见的做法是把梁、柱预制成一维构件，梁柱节点采用"湿式连接"（灌浆套筒连接、浆锚搭接连接）。其优点是构件生产及施工方便，结构的刚度和整体性与现浇混凝土框架结构接近，缺点是接缝位于受力关键部位，连接要求较高（图1-2）。

3. 设计要求

在进行构件设计时，必须要进行项目前期技术策划，应进行项目所在区域的政策、法规、细则及地方规范标准等的调研工作。技术策划方案内容包括预制构件的配置方案、连接方式、装配率、标准化、预制构件深化设计要求等。

图 1-2　叠合梁与套筒连接的预制柱

预制构件的设计应满足标准化的要求，宜采用建筑信息化模型（BIM）技术进行一体化设计，确保预制构件的钢筋与预留洞口、预埋件等相协调，简化预制构件连接节点施工。预制构件的形状、尺寸、重量等应满足制作、运输、安装各环节的要求。用于固定连接件的预埋件与预埋吊件、临时支撑用预埋件不宜兼用；当兼用时，应同时满足各种设计工况要求。

装配整体式框架结构的房屋最大适用高度、最大高宽比应满足现行规范《装配式混凝土结构技术规程》JGJ 1—2014 的要求，对于高层装配整体式框架结构首层柱宜采用现浇混凝土，顶层宜采用现浇楼盖结构。

装配整体式框架结构的要求是柱网布置对齐，梁柱对中布置。预制构件节点及接缝处后浇混凝土强度等级不应低于预制构件的混凝土强度等级。预制构件的拼接位置宜设置在受力较小部位。

（1）预制叠合梁

预制混凝土叠合梁是指预制混凝土梁顶部在现场后浇混凝土而形成的整体梁构件，简称叠合梁。在装配整体式框架结构中叠合梁是重要的水平受力构件。

预制叠合梁截面设计时，应考虑施工时楼板搭接、叠合层厚度、预留缝隙等要求判断采用矩形截面或凹口截面形式（图 1-3）。装配整体式框架结构中，当采用叠合梁时，框架梁的后浇混凝土叠合层厚度不宜小于 150mm，次梁的后浇混凝土叠合层厚度不宜小于120mm；当采用凹口截面预制梁时（图1-3b），凹口深度不宜小于50mm，凹口边厚度不宜小于60mm。

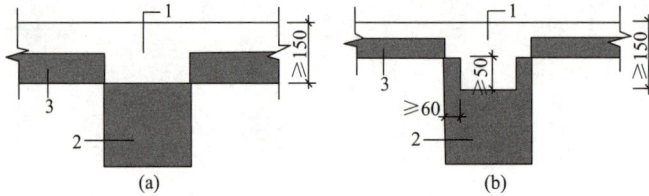

图1-3　叠合框架梁截面示意

（a）矩形截面预制梁；（b）凹口截面预制梁

1—后浇混凝土叠合层；2—预制梁；3—预制板

预制梁与预制柱之间搭接长度应综合考虑制作偏差、施工安装偏差、标高调整方式和封堵方式等。叠合梁端结合面主要包括框架梁与节点区的结合面、梁自身连接的结合面以及次梁与主梁的结合面等几种类型。

进行节点连接设计时，采用合适的构件截面可避免配筋量过大，采用高强钢筋可有效减少配筋量，提高结构的安全度。构件在安装过程中，钢筋对位直接制约构件的连接效率，故宜采用大直径、大间距的配筋方式，以便于现场钢筋的对位和连接。

为提高叠合梁端竖向接缝的抗剪承载力，预制梁端面应设置键槽（图1-4），且宜设置粗糙面。键槽的尺寸和数量应按规定计算确定。

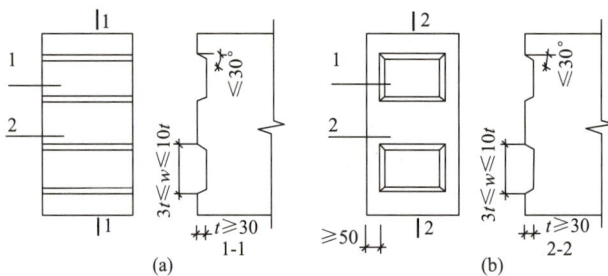

图1-4　梁端键槽构造示意

（a）键槽贯通截面；（b）键槽不贯通截面

1—键槽；2—梁端面

预制主次梁连接设计时，需要考虑梁的受力情况和预制梁的生产、运输、施工的便利性，并要满足连接节点的构造要求（图1-5）。

（2）预制柱

预制混凝土柱是装配整体式框架结构中主要的竖向承重构件。高层建筑装配整体式混凝土框架结构的首层柱宜采用现浇混凝土，顶层宜采用现浇楼盖结构。

装配式建筑施工技术与管理

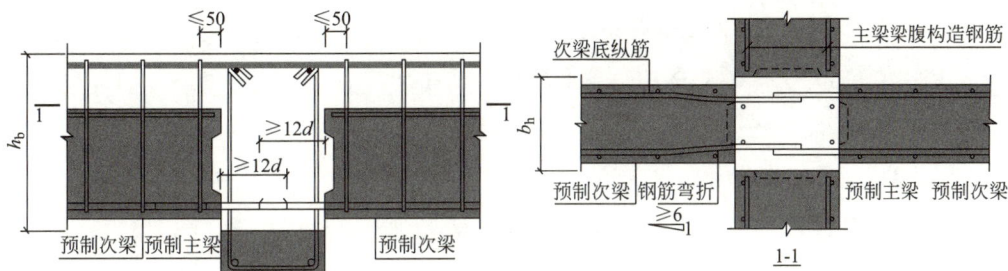

图1-5　主次梁中间节点连接构造示意

注：图中 h_b 为主梁预留槽口的高度，b_h 为宽度。

在装配整体式框架结构中矩形柱截面边长不宜小于400mm，圆形截面柱直径不宜小于450mm，且不宜小于同方向梁宽的1.5倍。预制柱外皮上需根据脱膜、安装、支撑的要求留设所需的预埋件。

柱纵向受力钢筋在柱底采用套筒灌浆连接时，柱箍筋加密区长度和套筒上端第一道箍筋距离需要满足现行规范要求（图1-6）。

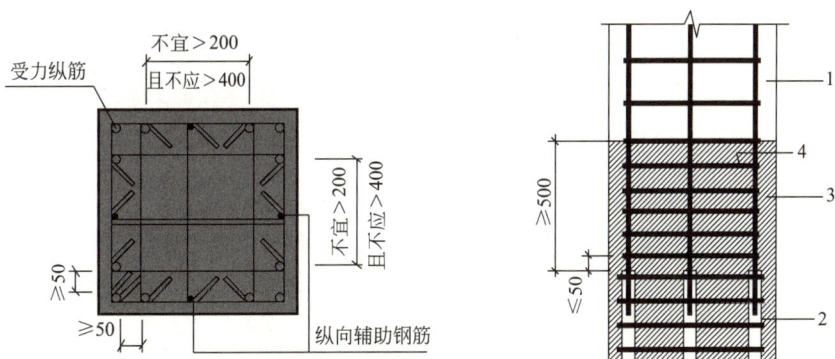

图1-6　钢筋采用套筒灌浆连接时柱底箍筋加密区域构造示意

1—预制柱；2—套筒灌浆连接接头；3—箍筋加密区（阴影区域）；4—加密区箍筋

柱纵向受力钢筋直径不宜小于20mm，纵向受力钢筋的间距不宜大于200mm且不应大于400mm。柱的纵向受力钢筋可集中于四角配置且宜对称布置。柱中可设置纵向辅助钢筋且直径不宜小于12mm和箍筋直径。

装配整体式框架结构中，当房屋高度大于12m或层数超过3层时，预制柱的纵向钢筋连接宜采用套筒灌浆连接。预制柱水平接缝处不宜出现拉力，预制构件节点及接缝处后浇混凝土强度等级不应低于预制构件的混凝土强度等级。

上、下层相邻预制柱纵向受力钢筋采用挤压套筒连接时，柱底后浇段的箍筋应满足下列要求（图1-7）：

1）套筒上端第一道箍筋距离套筒顶部不应大于20mm，柱底部第一道箍筋距柱底面不应大于 50mm，箍筋间距不宜大于 75mm；

2）抗震等级为一、二级时，箍筋直径不应小于 10mm，抗震等级为三、四级时，箍筋直径不应小于 8mm。

进行预制柱设计时，后浇节点区高度需要考虑施工时梁搭接的需要和调平用的预留缝隙。后浇节点区混凝土上表面应设置粗糙面。柱底接缝厚度宜为 20mm，并应采用灌浆料填实。预制柱的底部应设置键槽且宜设置粗糙面，键槽应均匀布置，且键槽的形式应考虑到灌浆填缝时气体排出的问题，应采取可靠且经过实践检验的施工方法，保证柱底接缝灌浆的密实性。

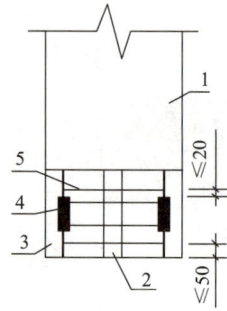

图 1-7　柱底后浇段箍筋配置示意
1—预制柱；2—支腿；3—柱底后浇段；
4—挤压套筒；5—箍筋

（3）预制叠合板

预制叠合板是指预制混凝土板顶部在现场后浇混凝土而形成的整体板构件，简称叠合板。

叠合板的预制板厚度不宜小于 60mm，后浇混凝土叠合层厚度不应小于 60mm。为方便运输，预制板的宽度不宜大于 3m，拼接缝位置宜避开叠合板受力较大的部位，宜设置在叠合板的次要受力方向上且该处受力较小。当叠合板的预制板采用空心板时，板端空腔应封堵。叠合板可根据预制板接缝构造、支座构造、长宽比按单向板或双向板设计，拼接有密拼接缝、整体式接缝等（图 1-8）。

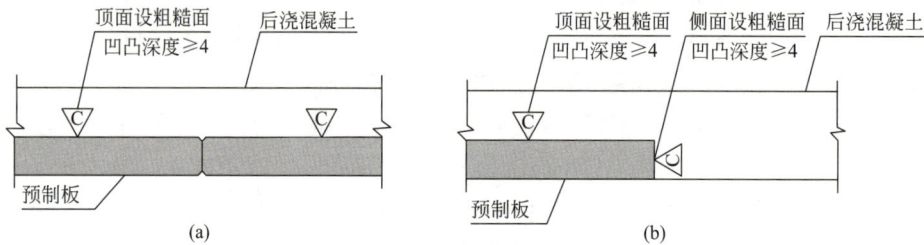

图 1-8　叠合板接缝构造
（a）采用密拼接缝；（b）采用整体式接缝

目前最常用的是桁架钢筋混凝土叠合板（图 1-9）。桁架钢筋能增加预制板在短暂工况（制作、运输、吊装等）作用下的刚度，兼做施工时的马凳筋作用，支撑现浇板中的上部面筋，并且增加预制板与后浇叠合层的抗剪能力。

（4）预制板式楼梯

预制板式楼梯的梯段板底应配置通长的纵向钢筋。板面宜配置通长的纵向钢筋。

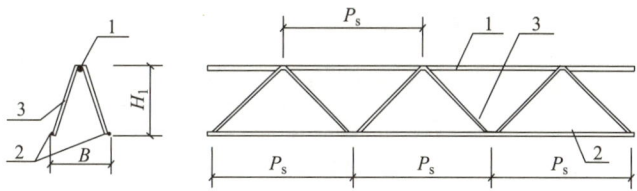

图1-9 桁架钢筋混凝土叠合板

1—上弦钢筋；2—下弦钢筋；3—腹杆钢筋

注：H_1—钢筋桁架的设计高度，P_s—腹杆钢筋与上、下弦钢筋相邻焊点的中心间距。

当楼梯两端均不能滑动时，板面应配置通长的纵向钢筋。预制楼梯与支承构件之间宜采用简支连接。预制楼梯宜一端设置固定铰，另一端设置滑动铰，其转动及滑动变形能力应满足结构层间位移的要求，且预制楼梯端部在支承构件上的最小搁置长度应符合现行规范的规定。预制楼梯设置滑动铰的端部应采取防止滑落的构造措施。

（5）预制外挂墙板

外挂墙板是由混凝土板和门窗等围护构件组成的完整结构体系，主要承受自重以及直接作用于其上的风荷载、地震作用、温度作用等。同时，外挂墙板也是建筑物的外围护结构，其本身不分担主体结构承受的荷载和地震作用。

外挂墙板应采用合理的连接节点并与主体结构可靠连接。有抗震设防要求时，外挂墙板及其与主体结构的连接节点，应进行抗震设计。外挂墙板与主体结构宜采用柔性连接，接缝宽度应满足主体结构的层间位移、密封材料的变形能力、施工误差、温差引起变形等要求，且不应小于15mm。连接节点应采取可靠的防腐、防锈和防火措施。外挂墙板的高度不宜大于一个层高，厚度不宜小于100mm。

外挂墙板的接缝宽度不应小于15mm且不宜大于35mm，当计算接缝宽度大于35mm时，宜调整外挂墙板的形式或连接形式，也可采用具有更高位移能力的弹性密封胶。外挂墙板与主体结构采用点支承连接时，连接点数量和位置应根据外挂墙板形状、尺寸确定，连接点不应少于4个，承重连接点不应多于2个。在外力作用下，外挂墙板相对主体结构在墙板平面内应能水平滑动或转动。外挂墙板不应跨越主体结构的变形缝。

外挂墙板应采用不少于一道材料防水和构造防水相结合的防水构造。外挂墙板水平缝宜采用内高外低的企口构造形式，受热带风暴和台风袭击地区的外挂墙板垂直缝应采用槽口构造形式（图1-10）。其他地区的外挂墙板垂直缝也可采用平口构造形式。

（6）其他预制构件

阳台板、空调板宜采用叠合构件或预制构件。预制构件应与主体结构可靠连接；叠合构件的负弯矩钢筋应在相邻叠合板的后浇混凝土中可靠锚固。

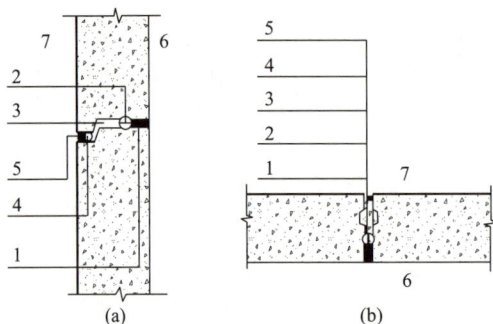

图 1-10　外挂墙板水平企口、垂直缝槽口构造示意

（a）水平企口；（b）垂直缝槽口

1—防火封堵材料；2—气密条；3—空腔；4—背衬材料；5—密封胶；6—室内；7—室外

4. 施工及质量验收要求

装配整体式框架结构施工前应制定施工组织设计、施工方案。施工组织设计应根据建筑、结构、机电、内装一体化，设计、加工、装配一体化的原则制定。施工方案的内容应包括构件安装及节点施工方案、构件安装的质量管理及安全措施等。

装配式建筑施工对不同岗位的技能和知识要求区别于以往的传统建筑施工方式要求，需要配置满足装配式建筑施工要求的专业人员。应结合装配式建筑施工特点，针对构件吊装、安装施工安全要求，制定系列安全专项方案。

施工安装宜采用 BIM 技术组织施工方案，用 BIM 模型指导和模拟施工，制定合理的施工工序并精确算量，从而提高施工管理水平和施工效率，减少浪费。

装配式混凝土建筑施工宜采用工具化、标准化的工装系统。工装系统是指装配式混凝土建筑吊装、安装过程中所用的工具化、标准化吊具、支撑架体等产品，包括标准化堆放架、模数化通用吊梁、框式吊梁、起吊装置、吊钩吊具、预制墙板斜支撑、叠合板独立支撑、支撑体系、模架体系、外围护体系、系列操作工具等产品。

装配式结构的后浇混凝土部位在浇筑前应进行隐蔽工程验收。验收项目应包括下列内容：

（1）混凝土粗糙面的质量，键槽的尺寸、数量、位置；

（2）钢筋的牌号、规格、数量、位置、间距，箍筋弯钩的弯折角度及平直段长度；

（3）钢筋的连接方式、接头位置、接头数量、接头面积百分率、搭接长度、锚固方式及锚固长度；

（4）预埋件、预留管线的规格、数量、位置；

（5）预制混凝土构件接缝处防水、防火等构造做法；

（6）保温及其节点施工；

（7）其他隐蔽项目。

吊装用吊具应按国家现行有关标准的规定进行设计、验算或试验检验。吊具应根据预制构件形状、尺寸及重量等参数进行配置，吊索水平夹角不宜小于 60°，且不应小于 45°，对尺寸较大或形状复杂的预制构件，宜采用有分配梁或分配桁架的吊具。

钢筋套筒灌浆前，应在现场模拟构件连接接头的灌浆方式，每种规格钢筋应制作不少于 3 个套筒灌浆连接接头，进行灌注质量以及接头抗拉强度的检验。经检验合格后，方可进行灌浆作业。

验收内容涉及采用后浇混凝土连接及采用叠合构件的装配整体式结构，隐蔽工程反映钢筋、现浇结构分项工程施工的综合质量，后浇混凝土处的钢筋既包括预制构件外伸的钢筋，也包括后浇混凝土中设置的纵向钢筋和箍筋。在浇筑混凝土之前进行隐蔽工程验收是为了确保其连接构造性能满足设计要求。

1.3.2　装配整体式剪力墙结构

1. 结构体系

装配整体式剪力墙结构是指全部或部分剪力墙采用预制墙板构建成的装配整体式混凝土结构，是近年来在我国应用最多、发展最快的装配式混凝土结构技术。装配整体式剪力墙结构是在工厂预制混凝土剪力墙，现场吊装就位后，在墙板和墙板间的竖向接缝（剪力墙边缘构件部位）用后浇混凝土连接，上下钢筋主要通过灌浆套筒连接、浆锚连接、焊接等方式实现剪力墙竖向钢筋连接。

装配整体式剪力墙结构具有整体性和抗震性好，室内规整，无外露梁柱便于房间内部布置，凸窗、保温装饰可实现一体化，预制装配率较高的优点，但是也存在剪力墙单块自重较大，节点处工序较多，连接相对复杂，不能提供大空间房间等缺点。

2. 常见的预制构件

装配整体式剪力墙结构预制构件（图 1-11）种类有预制外墙板、预制内墙板、预制叠合楼板、叠合梁、预制混凝土楼梯、预制阳台等，其中预制混凝土楼梯、阳台、空调板的做法与装配整体式混凝土框架结构的做法相同。

3. 设计要求

装配整体式剪力墙结构，房屋的最大适用高度较现浇剪力墙结构有所降低。

装配整体式剪力墙结构的布置应沿两个方向布置剪力墙，剪力墙的截面宜简单、规则，自下而上宜连续布置，避免层间侧向刚度突变。预制墙的门窗洞口宜上下对齐、成列布置，形成明确的墙肢和连梁。剪力墙结构中不宜采用转角窗。

装配整体式剪力墙结构在规定的水平力作用下，当预制剪力墙构件底部承担的总

图 1-11　装配整体式剪力墙结构预制构件

剪力大于该层总剪力的 50% 时，其最大适用高度应适当降低。对于高层装配整体式剪力墙结构的底部加强部位应采用现浇结构。

（1）预制混凝土夹心保温外墙板

预制混凝土夹心保温外墙板是指由内叶墙板、夹心保温层、外叶墙板和拉结件组成的复合类预制混凝土墙板，包括预制混凝土夹心保温剪力墙板（图 1-12）和预制混凝土夹心保温外挂墙板。

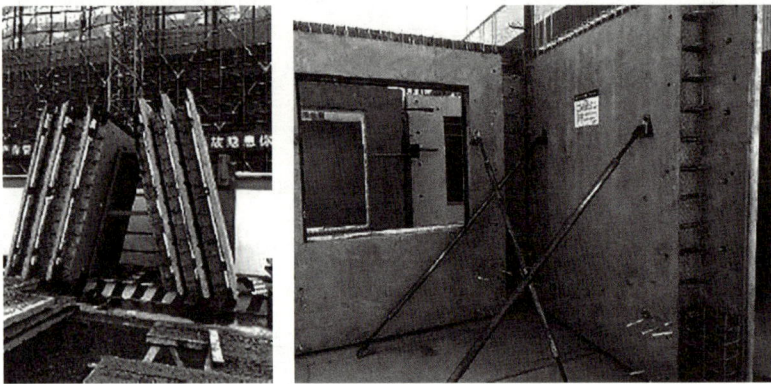

图 1-12　预制混凝土夹心保温剪力墙板

预制混凝土夹心保温外墙板在国内外均有广泛的应用，具有结构、保温、装饰一体化的特点。预制混凝土夹心外墙板根据其在结构中的作用，可以分为承重墙板和非承重墙板两类。

预制夹心外墙板根据其内、外叶墙板间的连接构造，又可以分为组合墙板和非组合墙板。组合墙板的内、外叶墙板可通过拉结件的连接共同工作。非组合墙板的内、外叶墙板不共同受力，外叶墙板仅作为荷载，通过拉结件作用在内叶墙板上。目

装配式建筑施工技术与管理

前在实际工程中，通常采用非组合式的墙板。外叶墙板厚度不应小于 50mm，且外叶墙板应与内叶墙板可靠连接，夹心外墙板的夹层厚度不宜大于 120mm。当作为承重墙时，内叶墙板按剪力墙构件进行设计，其构造要求与普通剪力墙板的要求完全相同。

预制外墙板的各类接缝设计应根据工程特点和气候条件等，确定防水设防要求，合理进行防水设计。预制外墙板的连接节点的密封胶应具有与混凝土的相容性、低温柔性、抗剪切和伸缩变形能力。外墙接缝宽度应考虑热胀冷缩及风荷载、地震作用等外界环境的影响。

（2）预制混凝土剪力墙内墙板

预制混凝土剪力墙内墙板（图 1-13）是指在工厂预制成的混凝土剪力墙构件。剪力墙内墙板侧面在施工现场通过预留钢筋与剪力墙现浇区连接，底部通过钢筋灌浆套筒实现剪力墙竖向钢筋连接。

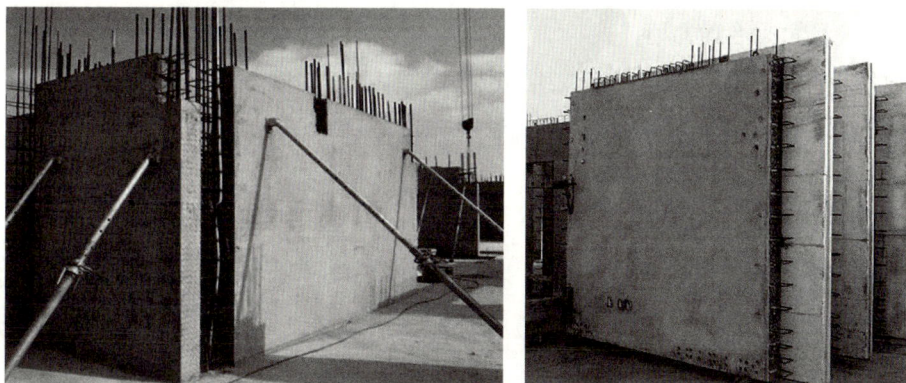

图 1-13　预制混凝土剪力墙内墙板

预制剪力墙宜采用一字形，也可采用 L 形、T 形或 U 形。开洞预制剪力墙洞口宜居中布置，洞口两侧的墙肢宽度不应小于 200mm，洞口上方连梁高度不宜小于250mm。预制剪力墙的连梁不宜开洞。

预制剪力墙底部接缝位置宜设置在楼面标高处，接缝高度宜为 20mm，接缝宜采用灌浆料填实。预制剪力墙的顶部和底部与后浇混凝土的结合面应设置粗糙面；侧面与后浇混凝土的结合面应设置粗糙面，也可设置键槽。

当采用套筒灌浆连接时，自套筒底部至套筒顶部并向上延伸 300mm 范围内，预制剪力墙的水平分布筋应加密。

楼层内相邻预制剪力墙之间应采用整体式接缝连接，当接缝位于纵横墙交接处的约束边缘构件区域时，约束边缘构件的规定区域宜全部采用后浇混凝土，并应在后浇段内设置封闭箍筋。当接缝位于纵横墙交接处的构造边缘构件区域时，构造边缘构件宜全部采用后浇混凝土。

非边缘构件位置，相邻预制剪力墙之间应设置后浇段，后浇段的宽度不应小于墙厚且不宜小于200mm；后浇段内应设置不少于4根竖向钢筋，钢筋直径不应小于墙体竖向分布筋直径且不应小于8mm。

屋面以及立面收进的楼层，应在预制剪力墙顶部设置封闭的后浇钢筋混凝土圈梁，以保证结构整体性和稳定性。

上下层预制剪力墙的竖向钢筋，当采用套筒灌浆连接和浆锚搭接连接时，边缘构件竖向钢筋应逐根连接。一级抗震等级剪力墙以及二、三级抗震等级底部加强部位，剪力墙的边缘构件竖向钢筋宜采用套筒灌浆连接。

当预制叠合连梁端部与预制剪力墙在平面内拼接，墙端边缘构件采用后浇混凝土时，连梁纵向钢筋应在后浇段中可靠锚固或连接。当预制剪力墙端部上角预留局部后浇节点区时，连梁的纵向钢筋应在局部后浇节点区内可靠锚固或连接。

（3）双面叠合剪力墙

双面叠合剪力墙（图1-14）是内、外叶墙板预制，通过钢筋桁架可靠连接，中间空腔在现场浇筑自密实混凝土而形成的剪力墙叠合构件。

图1-14　双面叠合剪力墙

叠合剪力墙体系中预制混凝土楼板及其内的钢筋网与上下层不相连接。最大适用高度受限制，更适宜于多层剪力墙结构。

双面叠合剪力墙的墙肢厚度不宜小于200mm，单叶预制墙板厚度不宜小于50mm，空腔净距不宜小于100mm。预制墙板内外叶内表面应设置粗糙面，粗糙面凹凸深度不应小于4mm。

双面叠合剪力墙结构宜采用预制混凝土叠合连梁，也可采用现浇混凝土连梁。连梁配筋及构造应符合国家现行规范。

双面叠合剪力墙结构底部加强部位的剪力墙宜采用现浇混凝土。楼层内相邻双面叠合剪力墙之间应采用整体式接缝连接。后浇混凝土与预制墙板应通过水平连接钢筋连接，水平连接钢筋的间距宜与预制墙板中水平分布钢筋的间距相同，且不宜大于200mm。水平连接钢筋的直径不应小于叠合剪力墙预制板中水平分布钢筋的直径。

双面叠合剪力墙的钢筋桁架宜竖向设置，单片预制叠合剪力墙墙肢不应少于2榀，钢筋桁架中心间距不宜大于400mm，且不宜大于竖向分布筋间距的2倍。钢筋桁架应与两层分布筋网片可靠连接，连接方式可采用焊接。

（4）叠合板

各层楼面位置，预制剪力墙顶部无后浇圈梁时，应设置连续的水平后浇带（图1-15），水平后浇带宽度应取剪力墙的厚度，高度不应小于楼板厚度，水平后浇带应与现浇或者叠合楼、屋盖浇筑成整体。水平后浇带内应配置不少于2根连续纵向钢筋，其直径不宜小于12mm。屋面以及立面收进的楼层，应在预制剪力墙顶部设置封闭的后浇钢筋混凝土圈梁。

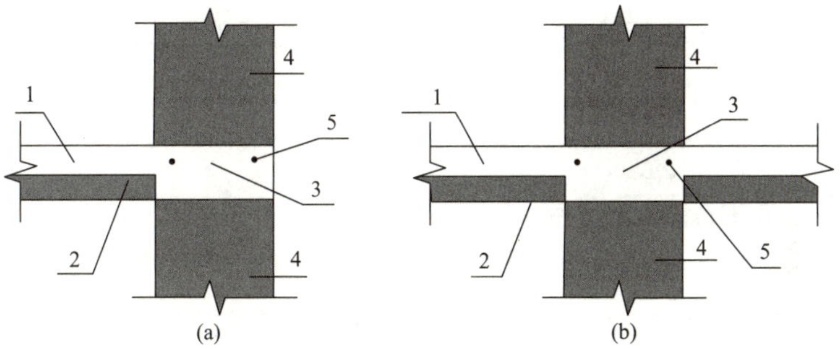

图1-15　水平后浇带构造示意
（a）端部节点；（b）中间节点
1—后浇混凝土叠合层；2—预制板；3—水平后浇带；4—预制墙板；5—纵向钢筋

1.3.3　装配整体式框架—现浇剪力墙结构

装配整体式框架—现浇剪力墙结构是全部或部分框架梁、柱采用预制构件和现浇混凝土剪力墙建成的装配整体式混凝土结构。装配整体式框架—现浇剪力墙结构预制构件包括预制柱、叠合梁、预制内墙板、叠合板、预制楼梯、预制外围护墙板、预制阳台板等。

装配整体式框架—现浇剪力墙结构中，外墙采用预制装配构件，结构的竖向及水平受力均由框架和剪力墙承担。预制外墙为围护构件，只承担自重、自身地震作用和风荷载。一般电梯井、楼梯间周围的剪力墙宜采用现浇。该体系的优点是结构传力明确、抗震性能好，梁、柱等预制构件为线性构件，可以控制自重，节点连接处工程量小，建筑布置较灵活等。缺点是局部凸出的柱和梁影响室内的使用效果，适用于高层办公楼、公租房等。

1.3.4　部品部件

装配式混凝土建筑中，具有建筑使用功能、工业化生产、现场安装的建筑产品，通常由一个或多个建筑构件、产品组合而成，简称为部品部件。建筑部品是指由工厂生产，构成外围护系统、设备与管线系统、内装系统的建筑单一产品或复合产品组装而成的功能单元的统称。建筑部件是指在工厂生产或现场预先生产制作完成，构成建筑结构系统的结构构件及其他构件的统称。

装配式混凝土建筑部品部件的分类和编码应满足装配式混凝土建筑应用 BIM 技术的相关要求，通用部品部件应采用国家现行有关标准的分类方法《建筑信息模型分类和编码标准》GB/T 51269—2017。装配式混凝土建筑部品部件采用混合类方法，根据结构类型和部品部件用途，将装配式混凝土建筑部品部件分为装配式混凝土建筑、钢结构建筑、木结构建筑、装饰装修和设备管线部品部件五部分。

1.3.5　常用图例及符号

已经颁布的装配式混凝土结构标准设计图集包括装配式混凝土建筑、结构施工图表示方法示例、连接节点构造、墙板构件和叠合板构件等，表 1-2 列出了一些常用构件及节点的图例及符号，可供深化设计、构件拆分时参考。

常用图例及符号　　　　　　　　　　　　　表 1-2

图例名称	图例及符号	图例名称	图例及符号
预制钢筋混凝土（包括内墙、内叶墙、外叶墙）		灌浆部位	
后浇段、边缘构件		空心部位	
现浇钢筋混凝土		后浇混凝土钢筋	
钢筋机械连接		钢筋灌浆套筒连接	
夹心保温外墙		预制构件钢筋	

装配式建筑施工技术与管理

图例名称	图例及符号	图例名称	图例及符号
预制外墙模板	L	附加或重要钢筋（红色）	●
橡胶支垫或坐浆		钢筋锚固板	
无机保温材料		有机保温材料	
预留洞口		预埋件	⊕
调节标高用埋件	⊠	吊装用埋件	⊗
压光面	Y	粗糙面结合面	C
模板面	M	键槽结合面	J

1.4 装配式混凝土建筑材料与施工要求

混凝土、钢筋、钢材和连接材料的性能要求应符合国家现行标准《混凝土结构通用规范》GB 55008—2021、《混凝土结构设计规范》GB 50010—2010（2015年版）、《钢结构设计标准》GB 50017—2017、《装配式混凝土结构技术规程》JGJ 1—2014、《装配式混凝土建筑施工规程》T/CCIAT 0001—2017 等有关规定。

1.4.1 混凝土

混凝土是由胶凝材料、粗骨料、细骨料和水（可加入外加剂、掺合料）按适当的比例配合、拌和制成混合物，经一定时间后硬化而成的人造石材。目前使用最多的是以水泥为胶凝材料的混凝土。混凝土的主要性能包括强度、和易性。

1. 混凝土强度

强度是硬化混凝土最重要的技术性质，混凝土强度是工程施工中控制和评定混凝土质量的主要指标。混凝土强度有抗压、抗拉、抗弯和抗剪等强度，其中抗压强度为最大。

混凝土强度等级应按立方体抗压强度标准值确定。混凝土立方体抗压强度标准值是指按照标准方法制作养护的边长为 150mm 的立方体标准试件，在 28d 龄期用标准试验方法测得的具有 95% 保证率的立方体抗压强度值，以 $f_{cu,k}$ 表示。混凝土强度等级是混凝土结构设计时强度计算值的依据。

混凝土轴心抗压强度（f_c）是采用 150mm×150mm×300mm 棱柱体作为标准试件所测得的抗压强度，f_c =（0.70~0.80）f_{cu}，是计算轴心受压构件（如柱、桁架的腹杆等）时的强度依据。

混凝土的抗拉强度很低，只有其抗压强度的 1/10~1/20，在钢筋混凝土结构设计中，不考虑混凝土承受拉力。但是混凝土的抗拉强度对于混凝土抗裂性具有重要作用。应避免混凝土在受拉或复杂应力状态下工作。

影响混凝土强度的因素有水泥强度等级和水灰比、骨料、养护温度和湿度、施工方法等。

2. 拌合物的和易性

和易性是指混凝土拌合物易于搅拌、运输、捣实成型等施工作业，不发生分层离析、泌水等现象，并能获得质量均匀、密实的混凝土的性能。和易性是一项综合技术性能，与施工工艺密切相关，通常包括流动性、保水性和黏聚性三个方面。

混凝土拌合物和易性直接影响混凝土施工操作的难易程度，以及混凝土的成型质量。影响和易性的主要影响因素包括组成材料（水泥浆用量与稠度、砂率、水泥品种、外加剂）、工艺条件（搅拌、时间、称量）、环境条件（温度和湿度）等。

3. 其他工作性能

混凝土的工作性能还包括混凝土的变形性能、耐久性。混凝土在硬化和使用过程中，由于受物理、化学及力学等因素的影响，常会发生化学减缩、干湿变形、温度变形和受力变形，这些变形是导致混凝土产生裂缝的主要原因之一，从而影响混凝土的强度和耐久性。

混凝土常见的耐久性主要包括抗渗性、抗冻性、抗侵蚀性、抗碳化能力和混凝土的碱骨料反应等。

4. 预制构件混凝土

预制构件的质量控制是保证装配式混凝土建筑质量最重要的环节。预制混凝土构件应根据构件制作图制作，并应根据预制混凝土构件型号、形状、重量等特点制定相应的工艺流程，对预制构件生产全过程进行质量管理和计划管理。

混凝土的各项力学性能指标和有关结构混凝土材料的耐久性基本要求应符合国家现行标准《混凝土结构设计规范》GB 50010—2010（2015 年版）及《混凝土结构耐久性设计标准》GB/T 50476—2019 的规定。

预制构件的混凝土强度等级不宜低于 C30，预应力结构构件混凝土的强度等级不宜低于 C40，节点及接缝处的后浇混凝土强度等级不应低于构件的混凝土强度等级。

构件混凝土强度检验批和检验评定应按照《混凝土强度检验评定标准》GB/T

50107—2010 的相关要求执行，对预制构件成型制作过程的隐蔽工程进行质量验收。

预制构件生产单位将采购的同一厂家、同一批次的混凝土原材料用于生产不同工程的预制构件时，可统一划分检验批。混凝土用的水泥、外加剂、掺合料等应有产品合格证，并按有关标准的规定进行复验检测。

采用预拌混凝土时，其原材料质量、混凝土制备与质量检验等均应符合《预拌混凝土》GB/T 14902—2012 的规定。预拌混凝土进场时，应检查混凝土质量证明文件，并对混凝土的强度、坍落度等进行取样检验。混凝土强度试件应在工厂的浇筑地点随机抽取。

混凝土浇筑前应对结合面及节点模板浇水湿润，浇筑时应采用振动器振捣，并应采取保证混凝土浇筑密实的措施。混凝土浇筑后应按设计要求和施工方案规定的养护时间和方法进行养护。

当采用加热养护时，升温速度、降温速度等不应超过设计和方案规定的数值。在混凝土浇筑前应对模具进行预热，温度上升曲线应缓慢均匀，模具预热温度达到控制温度（一般为 35 ~ 40℃）时，方可浇筑混凝土，以防止蒸养前后温差过大，造成混凝土构件开裂。

预制构件成型转运堆放后应适时地进行浇水养护，浇水养护有益于构件起拱度的平复。预制构件脱模时的表面温度与环境温度的差值不宜超过 25℃。夹芯保温外墙板最高养护温度不宜大于 60℃。

叠合梁键槽处混凝土浇筑施工应谨防空鼓、孔洞，梁上口混凝土表面应平整，预留叠合层高度应准确。叠合边梁两端设抗剪键槽，在外侧边和高低板连接处叠合梁高的一侧设计 PC 模板，叠合梁叠合面的凹凸不小于 6mm（图 1-16）。预制梁键槽端部箍筋采用开口箍形式，便于预制梁叠合层钢筋的绑扎以及节点连接钢筋的安装，开口箍端部采用 135° 钢筋弯钩，保证了箍筋对混凝土的约束力并确保与封闭箍等同的抗剪承载力。

叠合板在混凝土初凝前，表面应做成凹凸差不小于 4mm 的粗糙面（图 1-17），以满足界面两侧混凝土共同承载、协调受力的要求。对于阳台、楼梯外露钢筋处的混凝土面应进行毛化处理，以增强与现浇结构的结合度。

预制柱的底部应设置键槽且宜设置粗糙面，键槽应均匀布置，键槽深度不宜小于 30mm。

预制构件粗糙面成型可采用模板面预涂缓凝剂工艺，待脱模后采用高压水冲洗露出骨料的方式，也可以在叠合面混凝土初凝前进行拉毛处理。

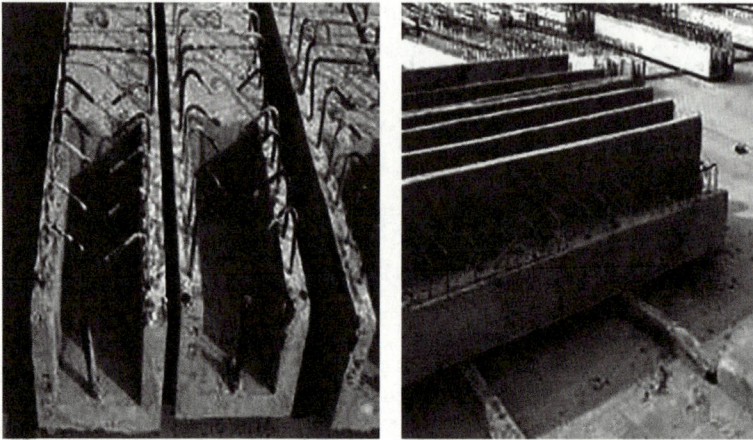

图 1-16　预制叠合梁

图 1-17　叠合预制楼板粗糙面

5. 后浇混凝土

在装配式混凝土结构中，预制构件与现浇结构连接节点，预制构件之间连接节点，灌浆、坐浆、后浇混凝土施工等，都是影响预制混凝土构件连接质量和主体结构质量安全的关键工序和关键部位。

装配式混凝土建筑中现浇混凝土的强度等级不应低于C25，宜采用高强度混凝土。

装配整体式结构接缝材料的要求是：

（1）预制构件节点及接缝处后浇混凝土强度等级不应低于预制构件的混凝土强度等级；

（2）多层剪力墙结构中墙板水平接缝用坐浆材料的强度等级值应大于被连接构件的混凝土强度等级值；

（3）结合部位和接缝处的混凝土振捣质量难以保证，宜采用自密实混凝土；

（4）桁架预制板之间采用密拼式整体接缝连接时（图1-18），后浇混凝土叠合层厚度不宜小于桁架预制板厚度的1.3倍，且不应小于75mm。

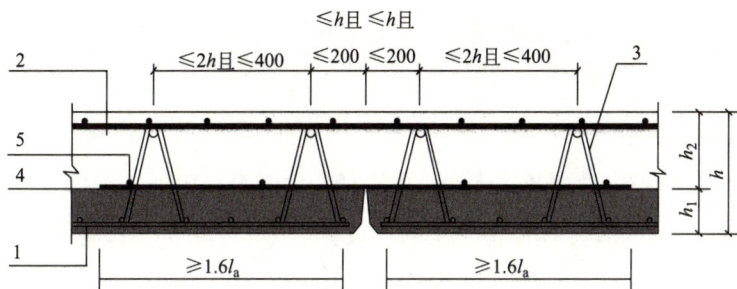

图 1-18　钢筋桁架平行于接缝的构造示意

1—桁架预制板；2—后浇叠合层；3—钢筋桁架；4—接缝处的搭接钢筋；5—横向分布钢筋

1.4.2　钢筋和钢材

1. 钢筋

装配式混凝土建筑所使用的钢筋宜采用高强度钢筋。纵向受力钢筋宜采用 HRB400、HRB500、HRBF400、HRBF500 钢筋，桁架叠合板中的纵向受力钢筋宜采用 HRB400、HRB500 钢筋，也可采用 CRB550、CRB600H 钢筋。受力预埋件的锚筋可采用 HRB400 或 HPB300，不应采用冷加工钢筋。

普通钢筋采用套筒灌浆连接和浆锚搭接连接时，钢筋应采用热轧带肋钢筋。热轧带肋钢筋的肋，可以使钢筋与灌浆料之间产生足够的摩擦力，有效地传递应力，从而形成可靠的连接接头。

钢筋焊接网的各项力学指标应符合现行行业标准《钢筋焊接网混凝土结构技术规程》JGJ 114—2014 的规定。

预制构件的构件吊装也是装配式混凝土建筑中的关键工序。吊环宜采用未经冷加工的 HPB300 钢筋制作。吊装用内埋式螺母或内埋式吊杆及配套的吊具，应符合国家现行相关标准的规定。

2. 钢筋连接材料

预制构件生产实施驻场监理的，应当审查预制构件生产方案，并对原材料进场、钢筋加工安装、钢筋连接套筒与工程实际采用钢筋以及灌浆料的匹配性、保温板制作质量、连接件制作、混凝土质量等进行现场监督，对进场材料检验见证取样，对预制构件成型制作过程的隐蔽工程进行质量验收。

1.4.3　钢筋连接技术

装配式混凝土建筑中，节点及接缝处的钢筋连接方式不仅包括机械连接、焊接连接和绑扎搭接，还包括钢筋套筒灌浆连接和浆锚搭接连接。其中，钢筋套筒灌浆连接的应用最为广泛。

1. 套筒灌浆连接

钢筋套筒连接是指预制混凝土构件内预埋的金属套筒中插入单根带肋钢筋并注入灌浆料拌合物，通过拌合物硬化形成整体并实现传力的钢筋对接连接方式。

套筒灌浆连接基于"等同现浇"混凝土设计理念，在国外建筑中是一项成熟技术。近年来随着装配式混凝土建筑的快速发展，钢筋套筒灌浆连接方式的应用逐渐增多，目前我国已经颁布实施的相关现行标准规范有《钢筋套筒灌浆连接应用技术规程》JGJ 355—2015、《钢筋连接用灌浆套筒》JG/T 398—2019、《钢筋连接用套筒灌浆料》JG/T 408—2019、《装配式混凝土结构技术规程》JGJ 1—2014、《钢筋套筒灌浆连接施工技术规程》T/CCIAT 004—2019 等，上述标准规范对钢筋套筒灌浆连接设计、施工、验收等提出了明确的要求，并对应用钢筋套筒连接技术所设计的灌浆套筒、套筒灌浆料等产品做了详细的规定。

（1）灌浆套筒

采用铸造、机械切削、滚扎、挤压或锻造等工艺制造，用于钢筋套筒连接的金属套筒，简称灌浆套筒。灌浆套筒可分为半灌浆套筒（图1-19）和全灌浆套筒（图1-20）。

半灌浆套筒是指接头一端采用灌浆方式连接钢筋，另一端采用机械连接方式连接钢筋的灌浆套筒。全灌浆套筒是指接头梁端均采用灌浆方式连接钢筋的灌浆套筒。

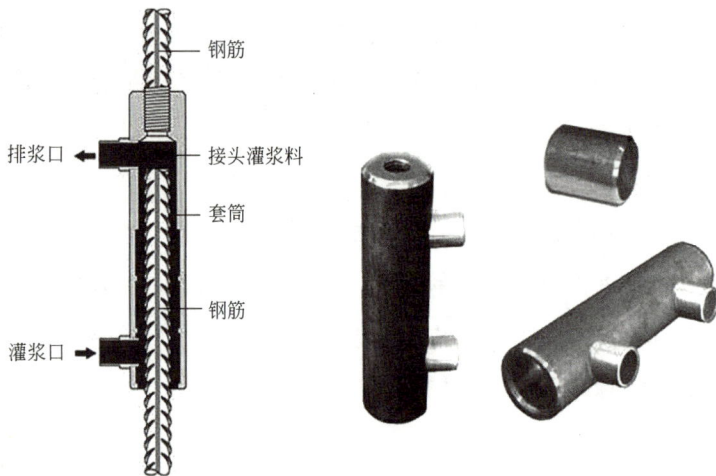

图1-19 半灌浆套筒连接示意

采用套筒连接的构件混凝土强度等级不宜低于 C30。钢筋套筒灌浆端最小直径与

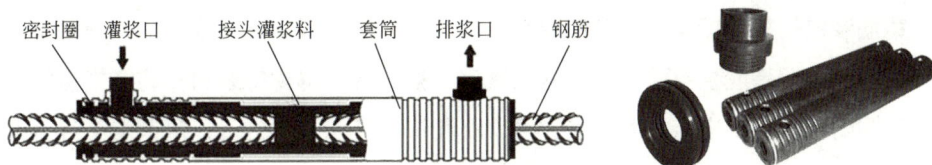

图 1-20 全灌浆套筒连接示意

连接钢筋公称直径的差值，当钢筋直径为 12~25mm 时，不应小于 10mm；当钢筋直径为 28~40mm 时，不应小于 15mm。灌浆套筒灌浆端钢筋套筒用于钢筋锚固的深度不宜小于插入钢筋公称直径的 8 倍。

钢筋套筒灌浆连接接头的抗拉强度不应小于连接钢筋抗拉强度标准值，且破坏时应断于接头外钢筋。接头连接钢筋的强度等级不应高于灌浆套筒规定的连接钢筋强度等级。接头连接钢筋的直径规格不应大于灌浆套筒规定的连接钢筋直径规格，且不宜小于灌浆套筒规定的连接钢筋直径规格一级以上。钢筋、灌浆套筒的布置还需考虑灌浆施工的可行性，使灌浆孔、出浆孔对外，以便为可靠灌浆提供施工条件。截面尺寸较大的竖向构件，考虑到灌浆施工的可靠性，应设置排气孔。

考虑到预制混凝土柱、墙多为水平生产，且灌浆套筒仅在预制构件中的局部存在，混凝土构件中灌浆套筒的净距不应小于 25mm。混凝土构件的灌浆套筒长度范围内，预制混凝土柱箍筋的混凝土保护层厚度不应小于 20mm，预制混凝土墙最外层钢筋的混凝土保护层厚度不应小于 15mm。

（2）钢筋连接用套筒灌浆料

钢筋连接用套筒灌浆料，是以水泥为主要材料，并配以细骨料，以及混凝土外加剂和其他材料混合而成的用于钢筋套筒灌浆连接的干混料，加水拌和均匀后具有良好的流动性、早强、高强、微膨胀、不泌水等性能。

灌浆套筒进厂（场）时，应抽取灌浆套筒检验外观质量、标识和尺寸偏差，检验结果应符合现行行业标准的有关规定。套筒灌浆连接应采用由接头型式检验确定的相匹配的灌浆套筒、灌浆料。套筒灌浆连接施工应编制专项施工方案。灌浆施工的操作人员应经专业培训后上岗。

夹芯墙板中内外墙体的连接件应满足下列要求：

1）连接件受力材料应满足国家或行业现行标准的技术要求。

2）连接件材料，均应满足规定的承载力、变形、抗剪、抗拉和耐久性能，并应经过试验验证。

3）拉结件应满足夹芯外墙板的节能设计要求。

2. 浆锚搭接连接

钢筋浆锚搭接连接是指在预制混凝土构件中预留孔道，在孔道中插入需搭接的钢筋，并灌注水泥基灌浆料而实现的钢筋搭接连接方式。构件安装时，将需搭接的钢筋插入孔洞内至设定的搭接长度，通过灌浆孔和排气孔向孔洞内灌入灌浆料，经灌浆料凝结硬化后，完成两根钢筋的搭接。其中，预制构件的受力钢筋在采用有螺旋箍筋约束的孔道中进行搭接的技术，称为钢筋约束浆锚搭接连接（图 1-21）。

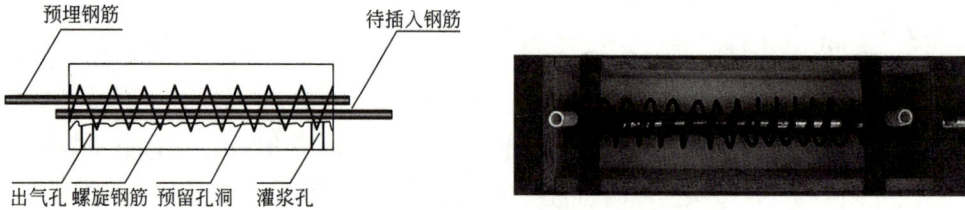

图 1-21　钢筋约束浆锚搭接连接示意

装配式混凝土结构中，节点及接缝处的纵向钢筋采用浆锚搭接连接时，对预留孔成孔工艺、孔道形状和长度、构造要求、灌浆料和被连接钢筋，应进行力学性能以及适用性的试验验证。直径大于 20mm 的钢筋不宜采用浆锚搭接连接，直接承受动力荷载构件的纵向钢筋不应采用浆锚搭接连接。

📖 复习思考题

1. 请阐述装配式混凝土建筑的主要特点。
2. 请阐述装配式混凝土建筑的评价标准。
3. 装配整体式框架结构常用的预制构件有哪些？
4. 装配整体式剪力墙结构常用的预制构件有哪些？
5. 预制混凝土构件表面的粗糙面和键槽分别有哪些要求？
6. 灌浆套筒按其结构形式分成哪几类？

装配式建筑施工技术与管理

第 2 章
装配式建筑
设计技术

装配式建筑设计技术

技术策划	技术策划主要内容	设计策划、部品部件生产策划、施工安装策划、经济成本策划
	建筑设计相关流程	确定技术路线、深化设计贯穿全过程、协同设计和协同工作
	主要特点	前期阶段整体策划、标准化和模数化设计、装配率计算、系统工程
建筑设计	模数化设计	规格化、定型化、模数数列、优先尺寸、部件的定位法
	标准化设计	模数统一、模块协同、少规格多组合、各专业一体化、标准化接口
	集成设计	系统工程、主体结构与内装系统一体化集成、各专业协同设计
	各专业协同与融合	设计阶段与采购、生产、施工联动，各专业协同融合同步设计
结构设计	基本规定	最大适用高度、最大高宽比、现浇混凝土要求、结构抗震等级
	结构分析	等同现浇设计、现浇抗侧力构件、层间位移角限值
	预制构件和连接设计	节点设计原则、湿式连接、预制楼梯滑动铰设计、叠合板后浇接缝、桁架钢筋
	装配整体式框架结构设计	等同现浇设计、叠合梁后浇混凝土构造要求、预制梁柱接缝和节点设计
	装配整体式剪力墙结构设计	剪力墙构造布置要求、灌浆套筒连接、圈梁设计、水平后浇带、水平接缝设计、连梁设置要求
	装配式混凝土建筑拆分设计	拆分设计原则、剪力墙结构拆分、框架结构拆分、楼板、楼梯的拆分
施工图深化设计	基本要求	满足模数、标准化要求、优化设计、装配技术指标评价项
	预制构件加工图深化设计	预制构件加工图定义、加工图深化设计成果内容
	装配图深化设计	装配图深化设计定义、装配图深化设计成果内容
	安装图深化设计	安装图深化设计定义、安装图深化设计成果内容

在装配式建筑 EPC 总承包工程全过程中，对于设计的管理需要贯穿始终，包括设计前期考察、方案制定、初步设计、设计施工图以及图纸审查确认等内容，以及在采购、施工过程中的联动协作。装配式建筑应采用系统集成的方法统筹设计、生产运输、施工安装，实现全过程的协同。

装配式建筑设计应符合装配式建筑全寿命周期的可持续发展原则，对建筑全生产过程中各个阶段的各个生产要素进行技术集成和系统整合，从而达到建筑体系化、设计标准化、生产工厂化、施工装配化、装修一体化和管理信息化等全产业链工业化生产方式的要求。装配式建筑设计应遵循标准化设计的原则，采用协同设计的方法，将建筑结构系统、外围护系统、设备与管线系统、内装修系统进行一体化集成设计。

2.1 装配式建筑技术策划

2.1.1 技术策划

装配式建筑的建造是一个系统性工程，相对于传统建筑施工方式而言，一体化统筹建筑、结构、机电、内装、构件加工等形成集成技术体系。装配式建筑混凝土结构与全现浇混凝土结构的设计和施工过程是有一定区别的。对装配式建筑混凝土结构，建设、设计、施工、制作各单位在方案阶段就需要进行协同工作，共同对应用预制构件的技术可行性和经济性进行论证，共同进行整体策划，提出最佳方案。装配式策划阶段是装配式建筑工程设计流程中的第一个重要环节，技术策划决定项目的技术路线与整体实施策略。适宜的、成熟的装配式策划方案在整个装配式建筑项目成本控制、质量管控、施工管理中起到至关重要的作用。

《装配式混凝土建筑技术标准》GB/T 51231—2016明确规定在建筑设计前期，应结合当地的政策法规、用地条件、项目定位进行技术策划。技术策划应包括设计策划、部品部件生产与运输策划、施工安装策划和经济成本策划。

（1）设计策划：应结合总图概念方案或建筑概念方案，需要充分考虑采购、生产和施工要求，对建筑平面、结构系统、外围护系统、设备与管线系统、内装系统等进行标准化设计策划，并结合成本估算，策划项目的设计指标，选择相应的技术配置。

（2）部品部件生产与运输策划：部品部件生产策划应根据供应商的技术水平、生产能力和质量管理水平，确定供应商范围。部品部件运输策划应根据供应商生产基地与项目用地之间的距离、道路状况、交通管理及场地放置等条件，选择稳定可靠的运输方案。合理运输半径一般为 100 ~ 150km。

（3）施工安装策划：应根据建筑概念方案，确定施工组织方案、关键施工技术方案、机具设备的选择方案、质量保障方案等。

（4）经济成本策划：要确定项目的成本目标，并对装配式建筑实施重要环节的成本优化提出具体指标和控制要求。

在方案阶段需要建设单位组织、设计单位牵头、各方充分参与，结合任务目标进行技术策划。在这个过程中，设计单位发挥设计引领作用，全过程实行协同设计和协同工作。在进行政策分析和土地合同分析、产品定位分析基础上，充分了解建设单位的意图、建设所在地周边预制部品产能情况及技术特点，提出装配式建筑的技术路线，并根据技术路线、综合评估、最终完成装配式建筑设计（图2-1）。

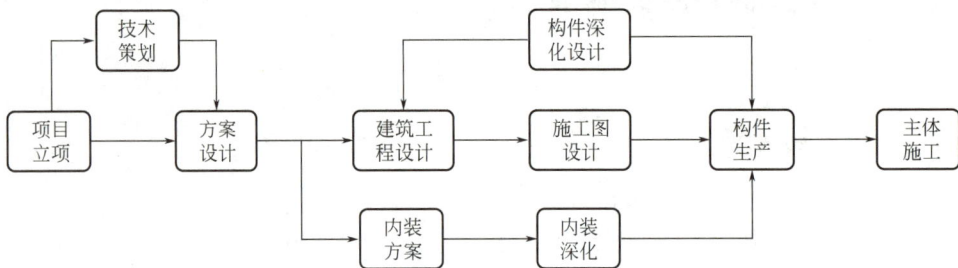

图2-1 装配式建筑设计相关流程图

2.1.2 装配式建筑设计与传统设计区别

1. 前期阶段整体策划

装配式建筑设计与传统设计比较，其核心特点为建筑部品部件、机电、室内装修和施工生产等工作内容前置，为深化设计工作开展提供基础。

装配式建筑的建设、设计、生产、施工各单位在方案阶段就需要进行协同工作，共同对建筑平面和立面根据标准化原则进行优化，对应用预制构件的技术可行性和经济性进行论证，共同进行整体策划，提出最佳方案。

装配式建筑设计更加强调标准化、模块化、集成化。在预制构件设计阶段需要充分考虑采购、生产和施工要求，实现专业内部协同、各专业之间协同、设计与构件加工、构件安装、施工作业等各个环节的协同工作，使设计图更具有实用性和可操作性。此项工作对建筑功能和结构布置的合理性，以及对工程造价等都会产生较大的影响。

2. 装配式建筑设计的一般要求

应按照通用化、模数化、标准化的要求，以少规格、多组合的原则，进行建筑及部品部件的标准化、模数化设计。采用标准构件，标准的连接节点，统一的模数协调，才能方便设计和生产、安装，提高整体效率。

宜采用结构系统、外围护系统、设备管线系统和内装系统的一体化集成设计。

应选用大开间、大进深、空间灵活可变的平面布置，平面和立面布置应规则。

3. 装配式建筑的设计

（1）装配率计算。装配式建筑设计时，需要进行装配率计算，利用装配率指标综合反映装配化的程度。

（2）设计理念。装配式建筑设计要以系统工程、系统集成设计理念进行。装配式建筑应以少规格、多组合的原则进行构件平面布置，合理进行预制构件拆分设计和钢筋排布设计。

（3）结构整体计算。装配式建筑结构的设计，应注重概念设计和结构分析模型的建立。在进行预制构件及连接设计时，应采取有效措施加强结构的整体性，满足承载力、延性和耐久性等要求。在进行抗震设计时，比现浇结构要求更严格。

（4）计算内容。在装配式建筑预制构件及节点的设计中，应进行短暂设计状况的验算（脱模、翻转、运输、吊运、安装等）。需要进行装配式特有的针对各种形式接缝的抗剪强度计算。

（5）构造设计。装配整体式结构中，接缝是影响结构受力性能的关键部位。装配式结构设计中，必须重视预制构件的构造形式、构件接缝键槽与粗糙面构造设计、连接件和紧固件构造设计等。

2.2 建筑设计

装配式建筑设计应坚持可持续发展的建设理念，应统筹考虑建筑全寿命周期的规划设计、施工建造、运营维护和再生改建的全过程。在整个建筑设计过程中，深化设计贯穿全过程，内装和机电深化设计必须前置，为深化设计服务。

2.2.1 模数化设计

装配式建筑标准化设计的基础是模数化设计，装配式建筑设计应符合现行国家标准《建筑模数协调标准》GB/T 50002—2013、《建筑门窗洞口尺寸系列》GB/T 5824—2021 等相关专项模数协调标准的规定。设计应严格按照建筑模数制要求，采用基本模数或扩大模数的设计方法实现建筑、部品和部件等尺寸协调。

模数协调的目的是实现建筑部件的通用性和互换性，使规格化、定型化部件部品适用于各类常规装配式建筑，满足各种功能要求。同时，大批量的规格化、定型化部件部品生产可保证质量，降低成本。

模数数列应根据装配整体式模块化建筑的功能与经济性原则确定。建筑物的开间或柱距、进深或跨度、门窗洞口的宽度宜采用水平扩大模数数列 $2n$M、$3n$M（n 为自然数）。梁、柱、墙等部件的截面尺寸宜采用水平基本模数，且水平扩大模数数列宜采用 nM。装修网格宜采用基本模数网格或分模数网格。建筑层高、门窗洞口高度等宜采用竖向扩大模数数列 nM，保证建设过程中满足部件生产与便于安装等要求。

隔墙、固定橱柜、设备、管井等部件宜采用基本模数网格，构造节点和部件的接口、填充件等分部件宜采用分模数网格。分模数的优先尺寸应为 M/2、M/5。装配式住宅的建筑内装体宜采用基本模数或分模数，分模数宜为 M/2、M/5。

承重墙和外围护墙厚度的优先尺寸系列宜根据 1M 的倍数及其与 M/2 的组合确定，宜为 150mm、200mm、250mm、300mm，以满足住宅建筑平面功能布局的灵活性及模数网格的协调。装配式剪力墙住宅适用的优先尺寸宜符合表 2-1 的要求。

　　　·　　　·　　　装配式建筑施工技术与管理

类型	建筑尺寸			预制楼板尺寸	
部位	开间	进深	层高	宽度	厚度
基本模数	3M	3M	1M	1M	0.2M
扩大模数	2M	2M/1M	0.5M	0.1M	0.1M

类型	预制墙板尺寸			内隔墙尺寸		
部位	厚度	长度	高度	厚度	长度	高度
基本模数	1M	1M	1M	1M	1M	1M
扩大模数	0.1M	0.1M	0.1M	0.1M	0.1M	0.1M

注：1 楼板厚度的优先尺寸序列为 80mm、100mm、120mm、140mm、150mm、160mm、180mm。

2 内隔墙厚度优先尺寸序列为 60mm、80mm、100mm、120mm、150mm、180mm、200mm，高度与楼板的模数序列相关。

3 本表中 M 是模数协调的最小单位，1M=100mm。

对于主体结构部件的定位，宜采用中心线定位法或界面定位法（图 2-2）。对于柱、梁、承重墙的定位，宜采用中心线定位法。对于楼板及屋面板的定位，宜采用界面定位法。

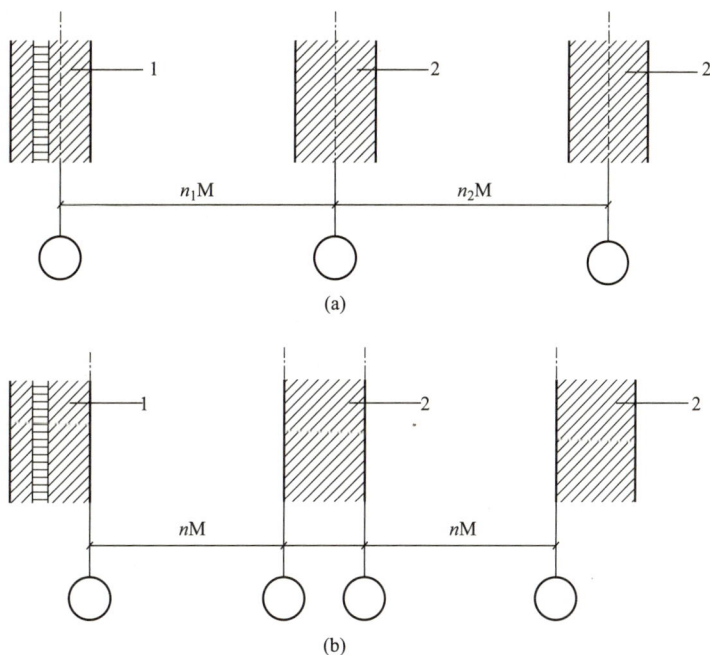

图 2-2　部件的定位法

（a）中心线定位法；（b）界面定位法

1—外墙；2—柱、墙等部件

装配式建筑应严格控制预制构件、预制与现浇构件之间的建筑公差。接缝的宽度应满足主体结构层间变形、密封材料变形能力、施工误差、温差引起变形等的要求，防止接缝漏水等质量事故发生。

设计不合理会导致施工安装的诸多问题，现阶段国内装配式体系较多，标准化程度不够，增加了施工难度。

2.2.2 标准化设计

标准化设计是实施装配式建筑生产工业化的关键。装配式建筑应在模数协调的基础上，采用标准化设计，提高部品部件的通用性。模块化是标准化设计的一种方法，采用模块及模块组合的设计方法，遵循少规格、多组合的原则。模块化设计应满足模数协调的要求，通过模数化和模块化的设计为工厂化生产和装配化施工创造条件。

公共建筑应采用楼电梯、公共卫生间、公共管井、基本单元等模块进行组合设计。住宅建筑应采用楼电梯、公共管井、集成式厨房、集成式卫生间等模块进行组合设计。

装配式建筑的部品部件应采用标准化接口。标准化接口是指具有统一的尺寸规格与参数，并满足公差配合及模数协调的接口。

装配式建筑设计应重视其平面、立面和剖面的规则性，宜优先选用规则的形体，同时便于工厂化、集约化生产加工，提高工程质量，并降低工程造价。

装配式建筑平面设计应采用大开间、大进深、空间灵活可变的布置方式。平面布置应规则，承重构件布置上下对齐贯通，突出和挑出部分不宜过大，外墙洞口宜规整有序。平面体型符合结构设计的基本原则和要求。设备与管线宜集中设置，并应进行管线综合设计。

在进行装配式建筑立面设计时，外墙、阳台板、空调板、外窗、遮阳设施及装饰等部品部件宜进行标准化设计。宜通过建筑体量、材质肌理、色彩等变化，形成丰富多样的立面效果。预制混凝土外墙的装饰面层宜采用清水混凝土、装饰混凝土、免抹灰涂料和反打面砖等耐久性强的建筑材料。

装配式建筑应根据建筑功能、主体结构、设备管线及装修等要求，确定合理的层高及净高尺寸。

2.2.3 集成设计

装配式建筑是一个完整的具有一定功能的建筑产品，是一个系统工程。装配式建筑的关键在于技术集成化，不等于传统生产方式和装配化简单相加，用传统的设计、

装配式建筑施工技术与管理

施工和管理模式进行装配化施工。真正意义的装配式建造只有将主体结构与装配式建筑内装修一体化集成为完整的建筑体系，才能体现装配式建筑的整体优势，实现提高质量、减少人工、减少浪费、增加效益的目的。

在设计阶段需要充分考虑采购、生产和施工要求。

装配式建筑应模数协调，采用模块组合的标准化设计，将结构系统、外围护系统、设备与管线系统和内装系统进行集成。各系统设计应统筹考虑材料性能、加工工艺、运输限制、吊装能力等要求。装配式建筑应按照集成设计原则，将建筑、结构、给水排水、暖通空调、电气、智能化和燃气等专业之间进行协同设计。

结构系统的集成设计应按照传力可靠、构造简单、施工方便和确保耐久性的原则进行设计。宜采用功能复合度高的部件进行集成设计，优化部件规格，应满足部件加工、运输、堆放、安装的尺寸和重量要求。

外围护系统的集成设计，应对外墙板、幕墙、外门窗、阳台板、空调板及遮阳部件等进行集成设计；应采用提高建筑性能的构造连接措施，宜采用单元式装配外墙系统。

设备与管线系统的集成设计应方便检查、维修、更换。给水排水、暖通空调、电气、智能化、燃气等设备与管线应综合设计，宜选用模块化产品，接口应标准化，并应预留扩展条件。

内装系统的集成设计应采用装配式装修，并宜选用具有通用性和互换性的内装部品。内装设计应与建筑设计、设备与管线设计同步进行，宜采用装配式楼地面、墙面、吊顶等部品系统。住宅建筑宜采用集成式厨房、集成式卫生间及整体收纳等部品系统。

接口及构造设计应满足施工安装与使用维护的要求。结构系统部件、内装部品部件和设备管线之间的连接方式应满足安全性和耐久性要求。结构系统与外围护系统宜采用干式工法连接，其接缝宽度应满足结构变形和温度变形的要求。部品部件的构造连接应安全可靠，设备管线接口应避开预制构件受力较大部位和节点连接区域。

2.3　结构设计

装配式混凝土结构的设计，应注重概念设计和结构分析模型的建立，以及预制构件的连接设计。保证装配式建筑的结构性能具有与现浇混凝土结构等同的整体性、延性、承载力和耐久性能，达到与现浇混凝土等同的效果。《装配式混凝土结构技术规程》JGJ 1—2014 中，所提出的结构体系、设计方法、构造措施等主要针对"等同现浇"

的装配整体式混凝土结构，以"湿式连接"为主的连接设计。

装配式混凝土结构设计应按照模数化、标准化的要求，以少规格、多组合的原则，应符合现行国家标准《混凝土结构设计规范》GB 50010—2010（2015年版）的基本要求，并应符合下列规定：

（1）应采取有效措施加强结构的整体性；

（2）装配式结构宜采用高强混凝土、高强钢筋；

（3）结构的节点和接缝应受力明确、构造可靠，并应满足承载力、延性和耐久性等要求；

（4）应根据连接节点和接缝的构造方式、性能，确定结构的整体计算模型。

装配式建筑在非抗震设计及抗震设防烈度为6度至8度抗震设计的地区推广和采用。

2.3.1 基本规定

1. 最大适用高度

根据《装配式混凝土结构技术规程》JGJ 1—2014规定，装配整体式结构房屋的最大适用高度应满足表2-2的要求。

装配整体式结构房屋的最大适用高度（m） 表2-2

结构类型	非抗震设计	抗震设防烈度			
		6度	7度	8度（0.2g）	8度（0.3g）
装配整体式框架结构	70	60	50	40	30
装配整体式框架—现浇剪力墙结构	150	130	120	100	80
装配整体式剪力墙结构	140（130）	130（120）	110（100）	90（80）	70（60）
装配整体式部分框支剪力墙结构	120（110）	110（100）	90（80）	70（60）	40（30）

注：房屋高度指室外地面至主要屋面的高度，不包括局部突出屋顶的部分。

当结构中竖向构件全部为现浇且楼盖采用叠合梁板时，房屋的最大适用高度可按现行行业标准《高层建筑混凝土结构技术规程》JGJ 3—2010中的规定采用。

装配整体式剪力墙结构和装配整体式部分框支剪力墙结构，在规定的水平力作用下，当预制剪力墙构件底部承担的总剪力大于该层总剪力的50%时，其最大适用高度应适当降低。当预制剪力墙构件底部承担的总剪力大于该层总剪力的80%时，最大适用高度应取表2-2中括号内的数值。

装配整体式剪力墙结构和装配整体式部分框支剪力墙结构，当剪力墙边缘构件竖向钢筋采用浆锚搭接连接时，房屋最大适用高度应比表中数值降低 10m。

超过表内高度的房屋，应进行专门研究和论证，采取有效加强措施。

2. 最大高宽比

最大高宽比是对高层建筑结构的侧向刚度、整体稳定性、承载能力和经济合理性的宏观控制。对于高层装配整体式混凝土结构，更重要的是提高结构的抗倾覆能力，减小结构底部在侧向力作用下出现拉力的可能性，避免预制墙板水平接缝在受剪力的同时又受拉力。高层装配整体式混凝土结构的高宽比不宜超过表 2-3 的数值。装配整体式框架结构及装配整体式框架—现浇剪力墙结构的抗震等级与现浇结构相同。

高层装配整体式结构适用的最大高宽比　　　　　　　　表 2-3

结构类型	非抗震设计	抗震设防烈度	
		6 度、7 度	8 度
装配整体式框架结构	5	4	3
装配整体式框架—现浇剪力墙结构	6	6	5
装配整体式剪力墙结构	6	6	5

装配式建筑的结构设计不应采用严重不规则的结构体系，应充分考虑预制构件连接对结构性能的影响。

3. 现浇混凝土要求

结构转换层、平面复杂或开洞较大的楼层、作为上部结构嵌固部位的地下室楼层宜采用现浇楼盖。

高层装配整体式结构应符合下列规定：

（1）宜设置地下室，地下室宜采用现浇混凝土；

（2）剪力墙结构底部加强部位的剪力墙宜采用现浇混凝土；

（3）框架结构首层柱宜采用现浇混凝土，顶层宜采用现浇楼盖结构。

带转换层的装配整体式结构应符合下列规定：

（1）当采用部分框支剪力墙结构时，底部框支层不宜超过 2 层，且框支层及相邻上一层应采用现浇结构；

（2）部分框支剪力墙以外的结构中，转换梁、转换柱宜现浇。

4. 结构抗震等级

装配整体式结构构件的抗震设计，应根据设防类别、设防烈度、结构类型和房屋高度采用不同的抗震等级，并应符合相应的内力调整和抗震构造要求。

装配式混凝土结构抗震按照钢筋混凝土结构房屋进行设计，其丙类混凝土结构房屋的抗震等级见表2-4。装配整体式剪力墙结构抗震等级的划分比现浇结构适当降低。

丙类混凝土结构房屋的抗震等级　　　　表2-4

结构类型			抗震设防烈度							
			6度		7度			8度		
框架	高度（m）		≤24	25~60	≤24	25~60		≤24	25~40	
	框架		四	三	三	二		二	一	
	跨度不小于18m框架		三	三	二	二		一	一	
框架—抗震墙	高度（m）		≤60	61~130	≤24	25~60	61~120	≤24	25~60	61~100
	框架		四	三	四	三	二	三	二	一
	抗震墙		三	三	三	三	二	二	二	一
抗震墙	高度（m）		≤80	81~140	≤24	25~80	81~120	≤24	25~80	81~100
	抗震墙		四	三	四	三	二	三	二	一
部分框支抗震墙	高度（m）		≤80	81~120	≤24	25~80	81~100	≤24	25~80	
	抗震墙	一般部位	四	三	四	三	二	三	二	
		加强部位	三	二	三	二	一	二	一	
	框支层框架		二	二	二	二	一	一	一	
板柱—抗震墙	高度（m）		≤35	36~80	≤35	36~70		≤35	36~55	
	框架		三	二	二	二		二	一	
	抗震墙		二	二	二	二		二	一	

抗震设计时，与主楼连为整体的裙房的抗震等级，除应按裙房本身确定外，相关范围不应低于主楼的抗震等级；主楼结构在裙房顶板上、下各一层应适当加强抗震构造措施。裙房与主楼分离时，应按裙房本身确定抗震等级。

甲、乙类建筑的抗震措施应符合相关规定。当房屋高度超过表2-4相应规定的上限时，应采取更有效的抗震措施。当房屋高度接近或等于表2-4的高度分界时，应结合房屋不规则程度及场地、地基条件确定合适的抗震等级。

2.3.2　结构分析

在预制构件之间以及预制构件与现浇及后浇混凝土的接缝处，当受力钢筋采用安全可靠的连接方式，且接缝处新旧混凝土之间采用粗糙面、键槽等构造措施时，结构的整体性能与现浇结构类同，设计中可采用与现浇结构相同的方法进行结构分析，并根据现行相关标准的规定对计算结果进行适当的调整。当同一层内既有预制又有现浇抗侧力构件时，地震设计状况下宜对现浇抗侧力构件在地震作用下的弯矩和剪力进行适当放大。

对于采用预埋件焊接连接、螺栓连接等连接节点的装配式结构，应该根据连接节点的类型，确定相应的计算模型，选取适当的方法进行结构分析。

装配整体式结构承载能力极限状态及正常使用极限状态的作用效应分析可采用弹性方法。

装配整体式框架结构和剪力墙结构的层间位移角限值均与现浇结构相同。对多层装配式剪力墙结构，当按现浇结构计算而未考虑墙板间接缝的影响时，计算得到的层间位移会偏小，因此其层间位移角限值要求更严。

按弹性方法计算的在风荷载或多遇地震标准值作用下的楼层层间最大位移 Δu 与层高 h 之比的限值宜按表 2-5 采用。

楼层层间最大位移与层高之比的限值 表 2-5

结构类型	$\Delta u/h$ 限值
装配整体式框架结构	1/550
装配整体式框架—现浇剪力墙结构	1/800
装配整体式剪力墙结构、装配整体式部分框支剪力墙结构	1/1000
多层装配式剪力墙结构	1/1200

2.3.3 预制构件设计与连接设计

1. 预制构件设计

装配整体式混凝土结构中各类预制构件及接缝连接应在结构方案和传力途径中确定预制构件的布置及连接方式，并在此基础上进行结构分析、预制构件设计及连接设计。

预制构件在脱模、翻转、运输、吊运、安装等短暂设计状况下的施工验算，应将构件自重标准值乘以动力系数后作为等效静力荷载标准值。构件运输、吊运时，动力系数宜取 1.5，构件翻转及安装过程中就位、临时固定时，动力系数可取 1.2。

当预制构件中钢筋的混凝土保护层厚度大于 50mm 时，宜对钢筋的混凝土保护层采取有效的构造措施。

用于固定连接件的预埋件与预埋吊件、临时支撑用预埋件不宜兼用。预制构件中外露预埋件凹入构件表面的深度不宜小于 10mm。

2. 连接设计

连接设计是装配整体式混凝土结构设计的重要环节。预制构件之间必须采取可靠的节点连接方式和合理的构造措施，保证其节点连接部位的强度、刚度及必要的变形能力。

装配式混凝土结构的连接节点应遵循以下设计原则：

（1）连接设计应满足承载能力和抗震性能要求。

（2）连接设计应能保证结构构件具有足够的延性，避免脆性破坏。

（3）连接设计应能保证结构的整体性。

（4）构件连接设计与构造应能保证节点或锚固件的破坏不先于构件或连接件的破坏。

（5）结构构件之间的连接应满足结构传递内力的要求。

（6）预制构件的设计应满足建筑使用功能，并符合标准化要求。

连接设计受拉、受压、受弯承载力计算同混凝土构件，满足构造要求时无需计算。在套筒灌浆连接中，由于混凝土结合界面容易形成薄弱环节，现行规范《装配式混凝土结构技术规程》JGJ 1—2014 中明确提出需要对结合界面的抗剪承载力单独进行计算，并确定键槽及抗剪钢筋数量。

预制构件的连接宜设置在结构受力较小处，且宜便于施工。对计算时不考虑传递内力的连接，也应有可靠的固定措施。

预制构件与后浇混凝土、灌浆料、座浆料的结合面应设置粗糙面、键槽，叠合板的粗糙面凹凸深度不宜小于 4mm，预制梁端、预制柱端、预制墙端的粗糙面凹凸深度不应小于 6mm。

3. 预制构件连接方法

装配整体式结构中，预制构件之间的连接方法有"湿式连接"和"干式连接"两种。

"湿式连接"是将两个承重构件之间钢筋互相连接后通过后浇混凝土或灌浆结合实现结构的整体连接，以达到节点等同现浇。

"干式连接"是在施工现场无需后浇混凝土，通过预埋件焊接或螺栓连接、搁置、销栓等方式实现连接的方式。

4. 预制楼梯设计

预制板式楼梯的梯段板底应配置通长的纵向钢筋。板面宜配置通长的纵向钢筋。当楼梯两端均不能滑动时，板面应配置通长的纵向钢筋。

预制楼梯与支承构件之间宜采用简支连接。采用简支连接时，应符合下列规定：

（1）预制楼梯宜一端设置固定铰支座，另一端设置滑动铰支座（图 2-3），其转动及滑动变形能力应满足结构层间位移的要求，且预制楼梯端部在支承构件上的最小搁置长度应符合表 2-6 的规定。

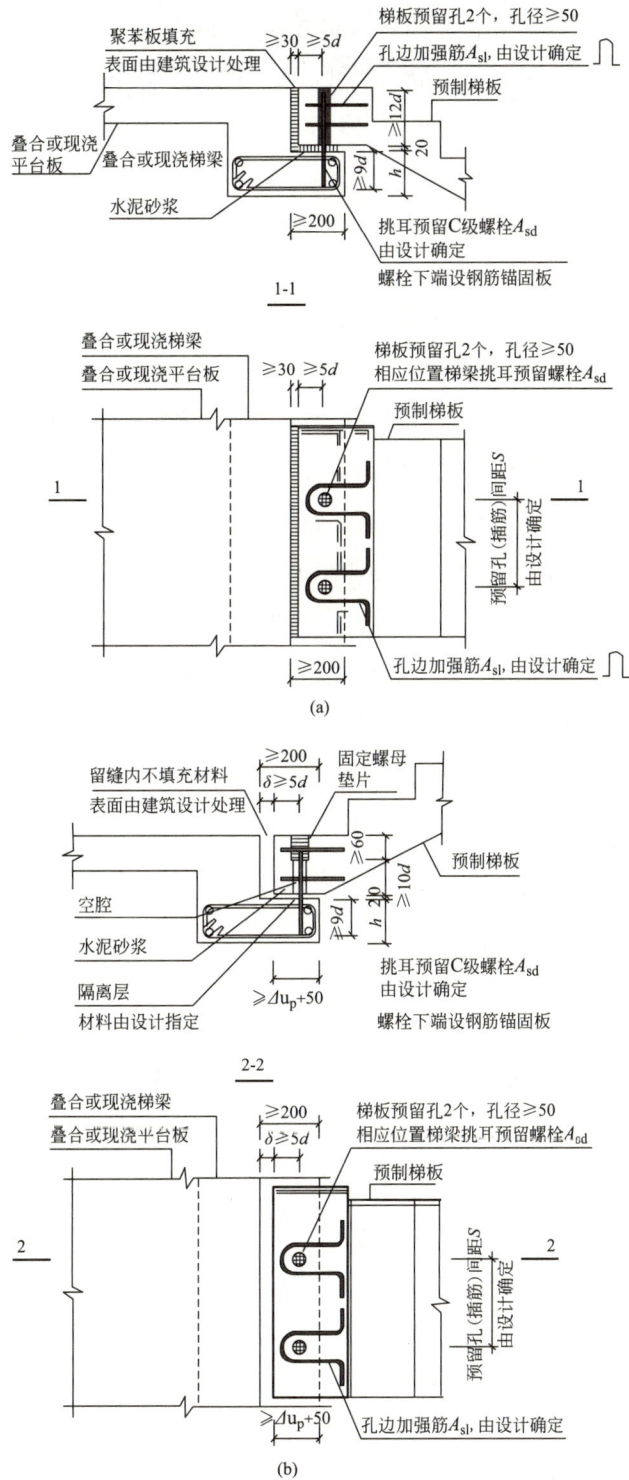

1-1

(a)

2-2

(b)

图 2-3　高端支承为固定铰支座、低端支承为滑动铰支座

（a）高端支承固定铰支座；（b）低端支承滑动铰支座

（2）预制楼梯设置滑动铰支座的端部应采取防止滑落的构造措施。

预制楼梯在支承构件上的最小搁置长度 表 2-6

抗震设防烈度	6 度	7 度	8 度
最小搁置长度（mm）	75	75	100

5. 楼盖设计

（1）叠合板构造要求

装配整体式结构的楼盖宜采用叠合楼盖。结构转换层、平面复杂或开洞较大的楼层、作为上部结构嵌固部位的地下室楼层宜采用现浇楼盖。

进行叠合板设计时受力要合理，应满足制作、运输和吊装的要求，还要满足预制构件的配筋构造、连接和安装施工、预制构件标准化设计等的要求。

高层装配整体式混凝土结构中，楼盖应符合下列规定：

1）结构转换层和作为上部结构嵌固部位的楼层宜采用现浇楼盖；

2）屋面层和平面受力复杂的楼层宜采用现浇楼盖，当采用叠合楼盖时，楼板的后浇混凝土叠合层厚度不应小于 100mm，且后浇层内应采用双向通长配筋，钢筋直径不宜小于 8mm，间距不宜大于 200mm。

叠合板后浇层最小厚度需要考虑楼板整体性要求以及管线预埋、面筋铺设、施工误差等因素。

叠合板应按现行国家标准《混凝土结构设计规范》GB 50010—2010（2015 年版）进行设计，并应符合下列规定：

1）叠合板的预制板厚度不宜小于 60mm，后浇混凝土叠合层厚度不应小于 60mm；

2）当叠合板的预制板采用空心板时，板端空腔应封堵；

3）跨度大于 3m 的叠合板，宜采用桁架钢筋混凝土叠合板；

4）跨度大于 6m 的叠合板，宜采用预应力混凝土预制板；

5）板厚大于 180mm 的叠合板，宜采用混凝土空心板。

叠合板可根据预制板接缝构造、支座构造、长宽比按单向板或双向板设计。当预制板之间采用分离式接缝（图 2-4a）时，宜按单向板设计。对长宽比不大于 3 的四边支承叠合板，当其预制板之间采用整体式接缝（图 2-4b）或无接缝（图 2-4c）时，可按双向板设计。

（2）叠合板支座构造要求

叠合板支座处，预制板内的纵向受力钢筋宜从板端伸出并锚入支承梁或墙的后浇

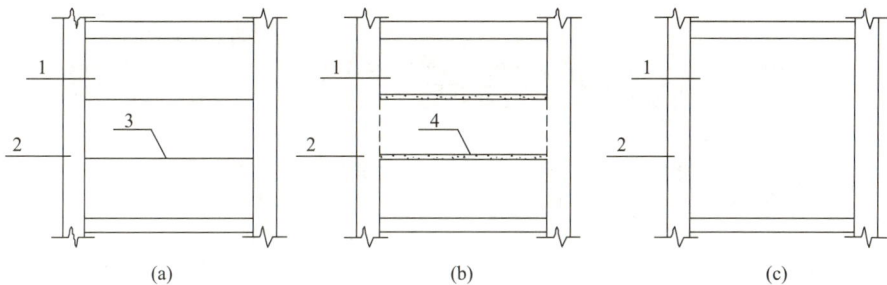

图 2-4 叠合板的预制板布置形式示意

（a）单向叠合板；（b）带接缝的双向叠合板；（c）无接缝双向叠合板

1—预制板；2—梁或墙；3—板侧分离式接缝；4—板侧整体式接缝

混凝土中，锚固长度不应小于 $5d$（d 为纵向受力钢筋直径），且宜伸过支座中心线（图 2-5a）。

单向叠合板板侧的分离式接缝，当板底分布钢筋不伸入支座时，宜在紧邻预制板顶面的后浇混凝土叠合层中设置附加钢筋（图 2-5b）。

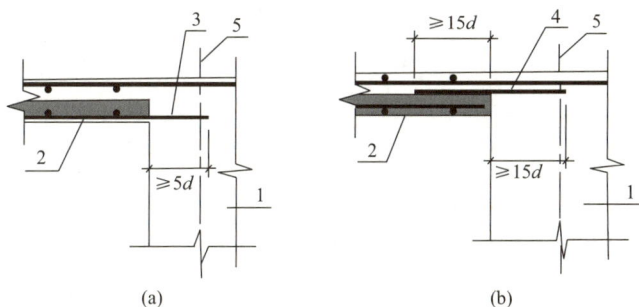

图 2-5 叠合板端及板侧支座构造示意

（a）板端支座；（b）板侧支座

1—支承梁或墙；2—预制板；3—纵向受力钢筋；4—附加钢筋；5—支座中心线

（3）叠合板接缝构造

单向叠合板板侧的分离式接缝宜配置附加钢筋（图 2-6）。

双向叠合板板侧的整体式接缝宜设置在叠合板的次要受力方向上且宜避开最大弯矩截面。接缝可采用后浇带形式，后浇带宽度不宜小于 200mm。

后浇带两侧板底纵向受力钢筋可在后浇带中焊接（图 2-7a）、搭接连接（图 2-7b、图 2-7c）。当后浇带两侧板底纵向受力钢筋在后浇带中弯折锚固时，应符合如图 2-7d 所示规定。

（4）桁架钢筋

如图 2-8（a）所示双向叠合板采用密拼接缝连接时，叠合板的底板应采用桁架

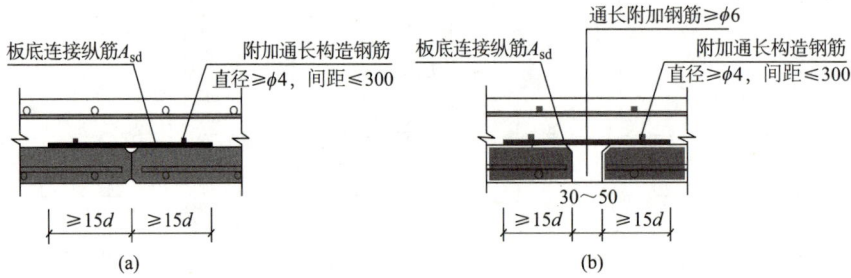

图 2-6　单向叠合板板侧分离式接缝构造示意

（a）密拼接缝；（b）后浇小接缝

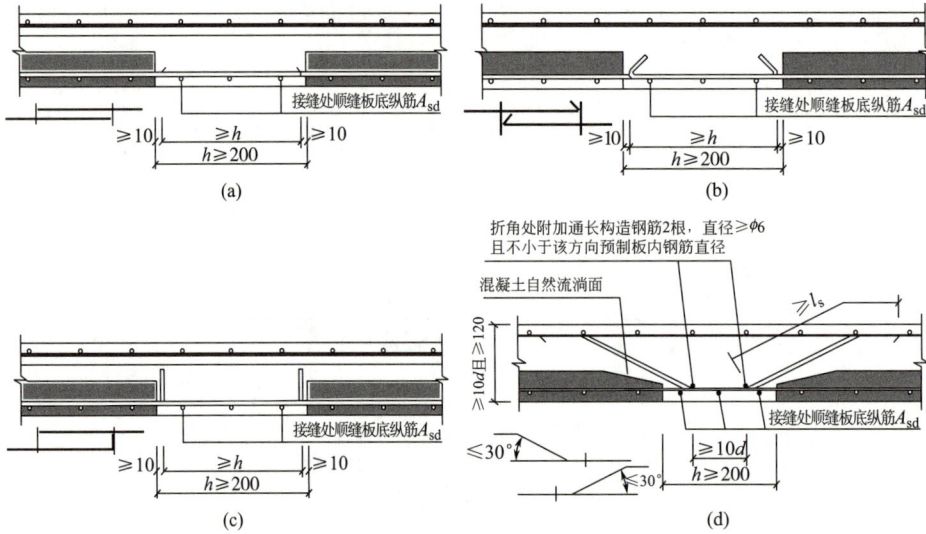

图 2-7　双向叠合板整体式接缝构造示意

（a）板底纵筋直线搭接；（b）板底纵筋末端带 135° 弯钩连接；
（c）板底纵筋末端带 90° 弯钩连接；（d）板底纵筋弯折锚固

钢筋预制板，其中桁架钢筋应沿着主要受力方向布置。

桁架钢筋叠合板在短暂设计状况下，沿长边的受力更为不利，因此钢筋桁架一般沿着桁架预制板的长边布置。

桁架钢筋距板边不应大于 300mm，间距不宜大于 600mm。叠合板桁架钢筋高度考虑管线排布和板面钢筋的保护层厚度时不宜小于 130mm。

桁架钢筋能增加预制板在短暂工况（制作、运输、吊装等）作用下的刚度，兼做施工时的马凳筋作用支撑现浇板中的上部面筋，并且增加预制板与后浇叠合层的抗剪能力。

预制板跨度较小时钢筋桁架可以兼做吊点。桁架钢筋预制板的吊点数量及布置应根据桁架钢筋预制板尺寸、重量及起吊方式通过计算确定，吊点宜对称布置且不应少于 4 个。当桁架钢筋下弦钢筋位于板内纵向钢筋上方时，应在吊点位置桁架钢筋下弦钢筋上方设置至少 2 根附加钢筋，附加钢筋直径不宜小于 8mm，在吊点两侧的长度不宜小于 150mm（图 2-8b）。

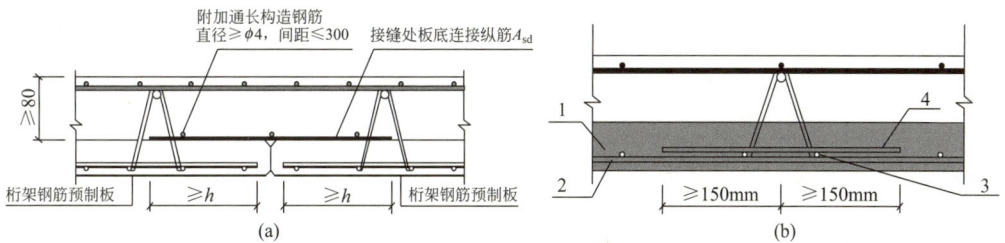

图 2-8　桁架钢筋叠合板构造

（a）密拼接缝；（b）吊点处附加钢筋示意

1—预制板；2—预制板内纵向钢筋；3—下弦钢筋；4—附加钢筋

（5）抗剪构造钢筋要求

在叠合板跨度较大、有相邻悬挑板的上部钢筋锚入等情况下，叠合面在外力、温度等作用下，截面上会产生较大的水平剪力，需配置界面抗剪构造钢筋来保证水平界面的抗剪能力。

当未设置桁架钢筋时，叠合板与后浇混凝土叠合层之间应设置抗剪构造钢筋：

1）单向叠合板跨度大于 4m 时，距支座 1/4 跨范围内；

2）双向叠合板短向跨度大于 4m 时，距支座 1/4 跨范围内；

3）悬挑叠合板；

4）悬挑板的上部纵向受力钢筋在相邻叠合板的后浇混凝土锚固范围内。

（6）其他构件

阳台板、空调板宜采用叠合构件或预制构件。预制构件应与主体结构可靠连接；叠合构件的负弯矩钢筋应在相邻叠合板的后浇混凝土中可靠锚固，叠合构件中预制板底钢筋的锚固应符合相关规定。

2.3.4　装配整体式框架结构设计

1. 一般规定

装配整体式框架结构采用"等同现浇"的设计理念，可按现浇混凝土框架结构进行设计。

装配整体式框架结构中，预制柱的纵向钢筋连接，当房屋高度不大于 12m 或层数不超过 3 层时，可采用套筒灌浆、浆锚搭接、焊接等连接方式。当房屋高度大于 12m 或层数超过 3 层时，宜采用套筒灌浆连接。

2. 预制混凝土叠合梁设计

装配整体式框架结构的预制梁外形设计考虑因素有预制梁现浇高度、抗剪键槽、截面形式、构件的搭接长度、主次梁连接形式等。预制梁配筋设计一般包括底筋设计、箍筋及拉筋设计和腰筋设计三个方面。预制梁宜采用高强度钢筋，梁的纵向受力钢筋深入梁支座范围内的钢筋不应少于 2 根。在梁的配筋密集区域宜采用并筋的配筋形式。

（1）构造设计

在装配整体式框架结构中，当采用矩形截面预制梁时，框架梁的后浇混凝土叠合层厚度不宜小于 150mm（图 2-9a），次梁的后浇混凝土叠合层厚度不宜小于 120mm。当采用凹口截面预制梁时（图 2-9b），凹口深度不宜小于 50mm，凹口边厚度不宜小于 60mm。

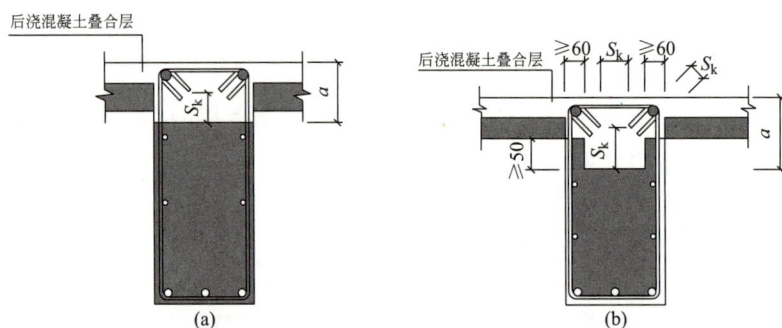

图 2-9　叠合梁的后浇混凝土叠合层厚度

（a）矩形截面预制梁；（b）凹口截面预制梁

注：图中 S_k 为梁上部受力纵筋的安装间隙，a 为叠合梁的叠合层厚度，$a \geqslant 150$mm。

（2）箍筋配置要求

在施工条件允许的情况下，抗震等级为一、二级的叠合框架梁的梁端箍筋加密区宜采用整体封闭箍筋（图 2-10a）。当叠合梁受扭时，应采用整体封闭箍筋。当采用闭口箍筋不便安装上部纵筋时，可采用组合封闭箍筋，即开口箍筋加箍筋帽的形式。采用组合封闭箍筋的形式（图 2-10b）时，开口箍筋上方应做成 135° 弯钩。

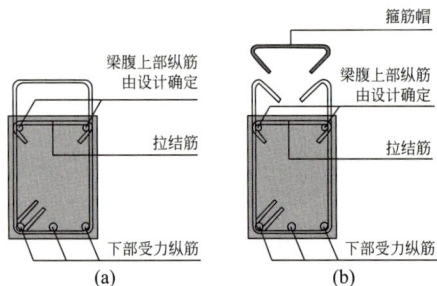

图 2-10　叠合梁箍筋构造示意

（a）整体封闭箍筋；（b）组合封闭箍筋

（3）预制梁连接节点要求

叠合梁采用对接连接时（图 2-11），

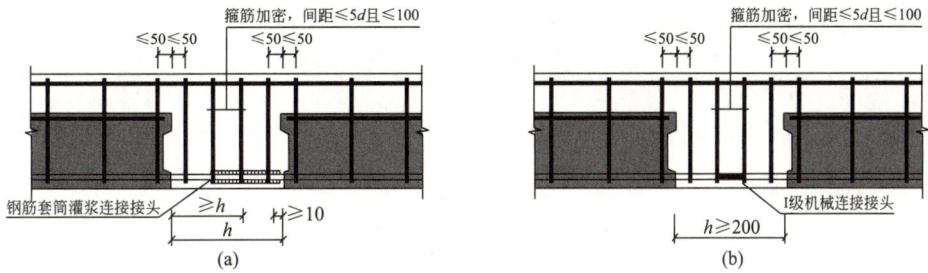

图2-11 叠合梁对接连接节点

（a）梁底纵筋套筒灌浆连接；（b）梁底纵筋机械连接或焊接

连接处应设置后浇段，后浇段的长度应满足梁下部纵向钢筋连接作业的空间需求。梁下部纵向钢筋在后浇段内宜采用机械连接、套筒灌浆连接或焊接连接。

主梁与次梁采用后浇段连接时，应符合下列规定：

在端部节点处，次梁下部纵筋深入主梁长度不应小于 12d，上部纵筋应在主梁后浇段内锚固。

在中间节点处，两侧次梁的下部纵向钢筋伸入主梁后浇段内长度不应小于 12d，次梁上部纵向钢筋应在现浇层内贯通。

两个方向的梁高度差不宜小于 100mm，方便梁底筋在空间上的避让。

3. 预制梁柱接缝和节点设计

（1）接缝要求

采用预制柱及叠合梁的装配整体式框架中，柱底接缝宜设置在楼面标高处（图2-12），柱底接缝厚度宜为 20mm，并应采用灌浆料填实。柱纵向受力钢筋应贯穿后浇节点区，钢筋采用套筒灌浆连接时，柱底接缝灌浆与套筒灌浆可同时进行，采用同样的灌浆料一次完成。

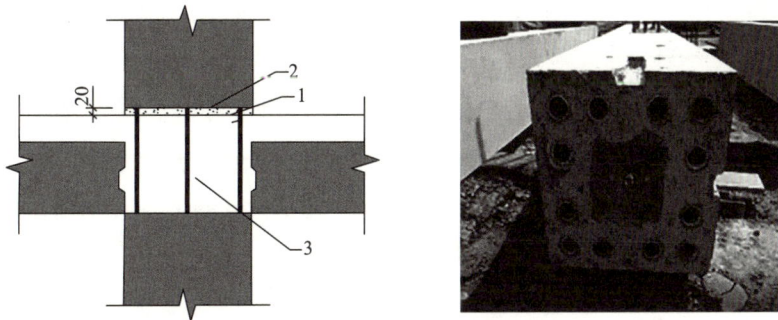

图2-12 预制柱底接缝构造示意

1—后浇节点区混凝土上表面粗糙面；2—接缝灌浆层；3—后浇区

预制柱底部应有键槽，且键槽的形式应考虑到灌浆填缝时气体排出的问题，应采取可靠且经过实践检验的施工方法，保证柱底接缝灌浆的密实性。

（2）节点核心区设计

梁柱节点设计时，柱钢筋尽量集中在角部布置，柱截面不宜小。预制框架梁选取适宜的梁配筋率，边梁需要考虑柱的钢筋避让。为了避免梁柱节点区域钢筋排布密集及混凝土浇捣困难等问题，《装配式混凝土结构技术规程》JGJ 1—2014 建议预制梁柱内使用大间距、大直径高强度纵筋，可以简化节点构造、方便施工、保证混凝土浇筑质量。

采用预制柱及叠合梁的装配整体式框架节点，梁纵向受力钢筋应伸入后浇节点区内锚固或连接，并应符合下列规定：

1）对框架中间层中节点，节点两侧的梁下部纵向受力钢筋宜锚固在后浇节点区内（图 2-13a），也可采用机械连接或焊接的方式直接连接（图 2-13b）；梁的上部纵向受力钢筋应贯穿后浇节点区。

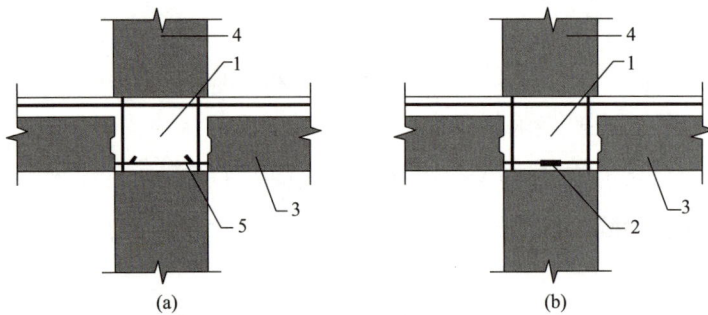

图 2-13　预制柱及叠合梁框架中间层中节点构造示意
（a）梁下部纵向受力钢筋锚固；（b）梁下部纵向受力钢筋连接
1—后浇区；2—梁下部纵向受力钢筋连接；3—预制梁；4—预制柱；5—梁下部纵向受力钢筋锚固

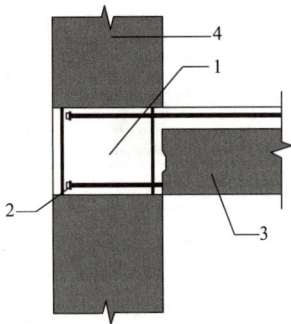

图 2-14　预制柱及叠合梁框架中间层端节点构造示意

1—后浇区；2—梁纵向受力钢筋锚固；3—预制梁；4—预制柱

2）对框架中间层端节点，当柱截面尺寸不满足梁纵向受力钢筋的直线锚固要求时，宜采用锚固板锚固（图 2-14），也可采用 90°弯折锚固。

3）对框架顶层中节点，梁纵向受力钢筋应按照中间层节点构造要求配置。柱纵向受力钢筋宜采用直线锚固；当梁截面尺寸不满足直线锚固要求时，宜采用锚固板锚固（图 2-15）。

对框架顶层端节点，梁下部纵向受力钢筋应锚固在后浇节点区内，且宜采用锚固板的锚固方式；梁、柱其他纵向受力钢筋的锚固应符合下列规定：

1）柱宜伸出屋面并将柱纵向受力钢筋锚固在伸出段内（图 2-16a），梁上部纵

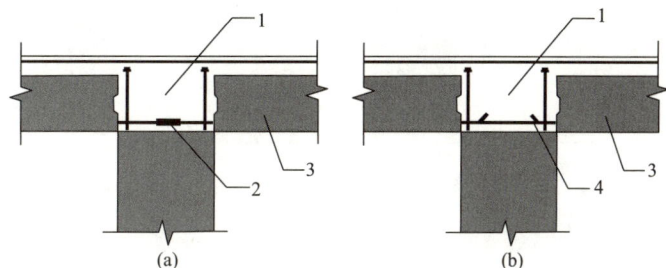

图 2-15　预制柱及叠合梁框架顶层中节点构造示意

（a）梁下部纵向受力筋连接；（b）梁下部纵向受力钢筋锚固

1—后浇区；2—梁下部纵向受力钢筋连接；3—预制梁；4—梁下部纵向受力钢筋锚固

向受力钢筋宜采用锚固板锚固。

2）柱外侧纵向受力钢筋也可与梁上部纵向受力钢筋在后浇节点区搭接（图 2-16b），其构造要求应符合现行国家标准《混凝土结构设计规范》GB 50010—2010（2015 年版）中的规定，柱内侧纵向受力钢筋宜采用锚固板锚固。

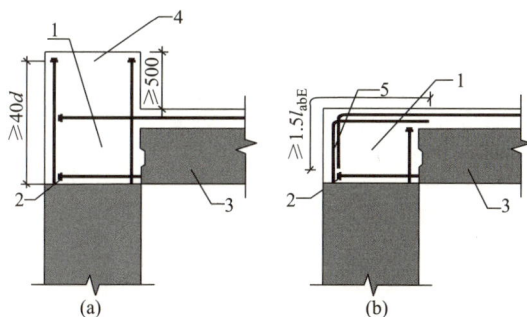

图 2-16　预制柱及叠合梁框架顶层端节点构造示意

（a）柱向上伸长；（b）梁柱外侧钢筋搭接

1—后浇区；2—梁下部纵向受力钢筋锚固；3—预制梁；4—柱延伸段；5—梁柱外侧钢筋搭接

采用预制柱及叠合梁的装配整体式框架节点，梁下部纵向受力钢筋也可伸至节点区外的后浇段内连接（图 2-17）。

2.3.5　装配整体式剪力墙结构设计

装配整体式剪力墙结构，与现浇混凝土剪力墙结构整体分析及构件设计方法相同，主要用于高层建筑。

1. 一般规定

对于高层装配式剪力墙结构底部加强部位的剪力墙宜采用现浇混凝土。采用装配

图 2-17　梁纵向钢筋在节点区外的后浇段内连接示意

1—后浇段；2—预制梁；3—纵向受力钢筋连接

整体式楼、屋面时，应采取措施保证楼、屋面的整体性及其竖向抗侧力构件的连接。抗震设计时，对同一层内既有现浇墙肢也有预制墙肢的装配整体式剪力墙结构，现浇墙肢水平地震作用弯矩、剪力宜乘以不小于 1.1 的增大系数。

　　预制构件节点及接缝处后浇混凝土强度等级不应低于预制构件的混凝土强度等级。多层剪力墙结构中墙板水平接缝用座浆材料的强度等级值应大于被连接构件的混凝土强度等级值。

2. 预制剪力墙构造

　　剪力墙结构中不宜采用转角窗。预制剪力墙宜采用一字形，也可采用 L 形、T 形或 U 形。开洞预制剪力墙洞口宜居中布置，洞口两侧的墙肢宽度不应小于 200mm，洞口上方连梁高度不宜小于 250mm。

　　预制剪力墙竖向钢筋当采用套筒灌浆连接时，自套筒底部至套筒顶部并向上延伸 300mm 范围内，预制剪力墙的水平分布钢筋应加密（图 2-18）。加密区水平分布钢筋的最大间距及最小直径应符合表 2-7 的规定，套筒上端第一道水平分布钢筋距离套筒顶部不应大于 50mm。

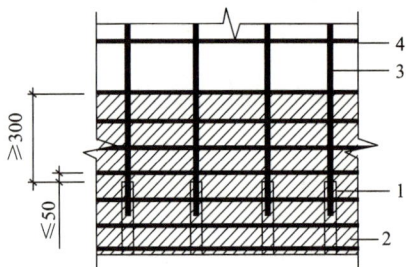

图 2-18　钢筋套筒灌浆连接部位水平分布钢筋加密构造示意

1—灌浆套筒；2—水平分布钢筋加密区域（阴影区域）；3—竖向钢筋；4—水平分布钢筋

　　预制剪力墙中钢筋接头处套筒外侧钢筋的混凝土保护层厚度不应小于 15mm，预制柱中钢筋接头处套筒外侧箍筋的混凝土保护层厚度不应小于 20mm。

抗震等级	最大间距（mm）	最小直径（mm）
一、二级	100	8
三、四级	150	8

端部无边缘构件的预制剪力墙，宜在端部配置 2 根直径不小于 12mm 的竖向构造钢筋。沿该钢筋竖向应配置拉筋，拉筋直径不宜小于 6mm、间距不宜大于 250mm。

预制外叶墙板厚度不应小于 50mm，且外叶墙板应与内叶墙板可靠连接。夹心外墙板的夹层厚度不宜大于 120mm，当作为承重墙时，内叶墙板应按剪力墙进行设计。

3. 预制剪力墙连接

（1）连接设计

楼层内相邻预制剪力墙之间应采用整体式接缝连接，当接缝位于纵横墙交接处的约束边缘构件区域时，约束边缘构件的斜线阴影区域（图 2-19）宜全部采用后浇混凝土，并应在后浇段内设置封闭箍筋。当接缝位于纵横墙交接处的构造边缘构件区域时，构造边缘构件宜全部采用后浇混凝土（图 2-20）。

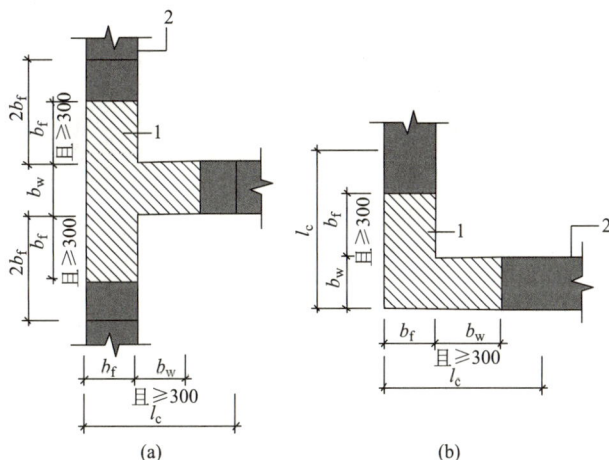

图 2-19　约束边缘构件斜线阴影区域全部后浇构造示意

（a）有翼墙；（b）转角墙

l_c—约束边缘构件沿墙肢的长度；1—后浇段；2—预制剪力墙

非边缘构件位置，相邻预制剪力墙之间应设置后浇段，后浇段的宽度不应小于墙厚且不宜小于 200mm。楼面梁不宜与预制剪力墙在剪力墙平面外单侧连接。当楼面梁与剪力墙在平面外单侧连接时，宜采用铰接连接。

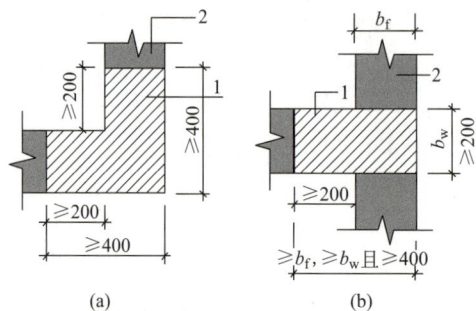

图 2-20 构造边缘构件斜线阴影区域全部后浇构造示意（斜线阴影区域为构造边缘构件范围）

（a）转角墙；（b）有翼墙

1—后浇段；2—预制剪力墙

（2）圈梁设计

屋面以及立面收进的楼层，应在预制剪力墙顶部设置封闭的后浇钢筋混凝土圈梁（图 2-21）。圈梁截面宽度不应小于剪力墙的厚度，截面高度不宜小于楼板厚度 h_f 及 250mm 的较大值。圈梁应与现浇或者叠合楼、屋盖浇筑成整体。

图 2-21 后浇钢筋混凝土圈梁构造示意

（a）端部节点；（b）中间节点

1—后浇混凝土叠合层；2—预制板；3—后浇圈梁；4—预制剪力墙

（3）水平后浇带

各层楼面位置，预制剪力墙顶部无后浇圈梁时，应设置连续的水平后浇带（图 2-22），水平后浇带宽度应取剪力墙的厚度，高度不应小于楼板厚度，水平后浇带应与现浇或者叠合楼、屋盖浇筑成整体。水平后浇带内应配置不少于 2 根连续纵向钢筋，其直径不宜小于 12mm。

（4）水平接缝

当采用套筒灌浆连接或浆锚搭接连接时，预制剪力墙底部接缝宜设置在楼面标高处，接缝高度宜为 20mm，宜采用灌浆料填实。接缝处后浇混凝土上表面应设置粗糙面。

　　　　　装配式建筑施工技术与管理

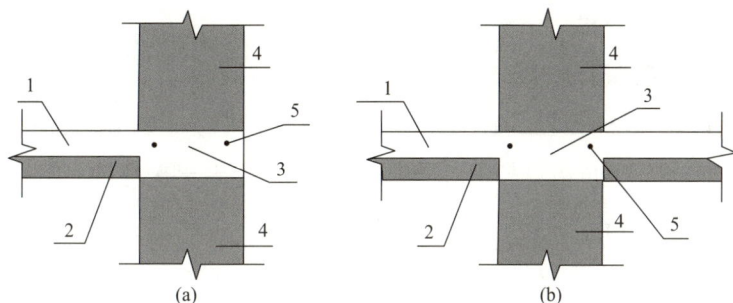

图 2-22 水平后浇带构造示意

（a）端部节点；（b）中间节点

1—后浇混凝土叠合层；2—预制板；3—水平后浇带；4—预制墙板；5—纵向钢筋

上下层预制剪力墙的竖向钢筋，当采用套筒灌浆连接和浆锚搭接连接时，边缘构件竖向钢筋应逐根连接。一级抗震等级剪力墙以及二、三级抗震等级底部加强部位，剪力墙的边缘构件竖向钢筋宜采用套筒灌浆连接。

（5）连梁设计

预制剪力墙洞口上方的预制连梁宜与后浇圈梁或水平后浇带形成叠合连梁，叠合连梁的配筋及构造要求应符合现行国家标准《混凝土结构设计规范》GB 50010—2010（2015 年版）的有关规定。

预制叠合连梁的预制部分宜与剪力墙整体预制，也可在跨中拼接或在端部与剪力墙拼接。当预制叠合连梁端部与预制剪力墙在平面内拼接时，接缝构造应符合相关规定。

2.3.6 装配式混凝土建筑拆分设计

装配式混凝土建筑设计不同于传统的施工项目设计，增加了预制构件拆分、预制构件设计和构件安装的连接节点设计三项设计。

从结构合理性角度考虑，装配式建筑拆分设计原则如下：

（1）结构拆分应考虑结构的合理性；

（2）构件接缝宜选在应力较小部位；

（3）尽可能统一或减少构件规格和连接节点类型；

（4）宜与相邻的相关构件拆分协调一致；

（5）充分考虑预制构件的制作、运输、安装条件对预制构件拆分的限制以及经济性因素。

完成预制构件拆分后，需要验证拆分方案的合理性与装配率是否达标。根据装配率指标进行优化设计方案。

1. 剪力墙结构的拆分

剪力墙拆分时以标准层、每跨（户）为单元进行拆分。外墙板的水平拆分位置宜设在楼层标高处，竖向拆分位置宜按单个开间设置。预制剪力墙一般的长度不超过6m、高度不大于3.6m、总重量不超过6t比较经济。

结构拆分成不同类型构件后，应绘制结构拆分图。剪力墙的截面宜简单、规则，相同类型的构件尽量考虑构件归并，尽量减少构件种类，便于标准化、工业化生产。

预制剪力墙宜采用一字形，也可采用L形、T形和U形。预制墙的门窗洞口宜上下对齐、成列布置。开洞预制剪力墙洞口宜居中布置，洞口两侧的墙肢宽度不宜小于200mm，洞口上方连梁高度不宜小于250mm。

楼层内相邻预制剪力墙之间当接缝位于纵横墙交接处的约束边缘构件区域时，约束边缘构件的阴影区域宜全部采用后浇混凝土。当接缝位于纵横墙交接处的构造边缘构件区域时，构造边缘构件宜全部采用后浇混凝土。

2. 框架结构的拆分

框架结构的拆分，一般将构件拆分为一维构件，方便构件的生产、运输和安装。

框架预制柱一般多按层高拆分为单节柱，以保证柱垂直度的控制调节，运输吊装方便，保证施工安装质量。预制柱也可以拆分为多节柱，2~3层拆分为一个构件，其中梁、柱节点区域预留槽口。

预制框架梁的拆分点宜设置在梁柱节点区域，方便模板的支设和混凝土浇筑。拆分宜做到少规格，对框架预制柱和预制梁尽量归并。

预制梁的拆分，主梁一般按柱网拆分为单跨梁，当跨度较小时可拆分为双跨梁，次梁以主梁间距为单元拆分为单跨梁。

3. 楼板、阳台的拆分

楼板拆分时，应先熟知结构楼盖叠合板的基本构造要求，还要考虑制作、运输和安装等各环节的要求。

楼板拆分，尽量减少预制楼板总数量。应以少规格、多组合的原则，尽可能减少构件种类，有效降低生产成本。拆分设计要考虑叠合板的接缝类型、搁置长度，灵活选择单向板或双向板的拆分方式。双向叠合板侧的整体式接缝宜设置在叠合板的次要受力方向上且宜避开最大弯矩截面。

楼板优先拆分标准层的布置较规则且管线较少的部位。房屋的顶层、结构转换层、平面复杂或开洞过大的楼层、作为上部结构嵌固部位的地下室楼层应采用现浇楼盖结构，不能拆分。

4. 楼梯的拆分

楼梯的拆分可按照一跑为单元，梯板的拆分以 300mm 为模数，最小宽度不应小于 600mm，最大宽度不宜大于 3000mm。

预制楼梯宜采用一端铰接一端滑动铰的连接方式。预制板式楼梯重量较大时，设计单位要跟施工单位协商设计。

当采用简支的预制楼梯时，楼梯间墙宜做成小开口剪力墙。

2.4 施工图深化设计

装配式建筑应该在方案阶段就开始技术策划，进行标准化设计、构件拆分和构造节点分析。设计全过程统筹考虑各专业协同和施工协同，提前进行系统性策划，机电、室内装修深化设计前置，避免发生现场安装问题，减少现场工作量。

现阶段，装配式建筑还需要进行深化设计，由深化设计单位在原施工图文件的基础上，综合考虑生产运输及现场安装等各个环节的具体要求，对图纸进行完善、补充、绘制成具有可实施性的施工图纸。

在进行深化设计时，要按照构件连接等效、构件拆分协调以及"少规格、多组合"原则，进行构件模数化协调、标准化设计，实现工业化生产和施工。

2.4.1 基本要求

深化设计应满足建筑使用功能、模数、标准化要求，并应进行优化设计。深化设计要对各专业图纸、施工措施等进行协调整合，指导预制构件生产、安装。

装配式建筑深化设计应包括预制构件加工图、装配图和安装图深化设计。构件生产和施工单位应编制与预制构件相关的生产、运输和安装专项施工方案，并应进行预制构件临时状态的受力和变形验算。

深化设计应列明与装配技术指标相关的评价项，并注明选用评价项的范围、做法和数量，深化设计不应降低工程的装配率。

深化设计应符合国家有关法律法规和工程建设标准的规定，应结合建筑、结构、设备、装修等专业施工图绘制设备管线布置图和详细定位图，并提供预留孔洞、预埋管线等有关的技术内容、装修一体化以及集成设计相关的技术内容。

2.4.2 预制构件加工图深化设计

预制构件加工图是表达与预制构件相关的所有信息，可直接用于预制构件生产的详细图纸。

对于预制构件的深化设计，首先要考虑预制构件、部品或部件设计是否能够满足建筑、结构、设备、装修等各专业设计的要求，还要考虑生产、运输、安装等各环节在预制构件、部品或部件上的要求。

预制构件加工图深化设计成果包括以下内容：

（1）预制构件加工图总设计说明；

（2）预制构件建筑平、立、剖面分布图；

（3）预制构件建筑墙身剖面图、建筑大样图；

（4）预制构件结构平面布置图；

（5）预制构件模板图和配筋图；

（6）预制构件加工大样图；

（7）预制构件预埋件布置图，包括建筑、机电设备、精装修等专业预留洞、预埋管线、预埋件布置；

（8）金属件加工图。

2.4.3 装配图深化设计

装配图是表达预制构件、部品、部件之间的相互关系，以及它们与现浇混凝土构件之间的相互关系的图纸。

装配式建筑施工前，施工总承包单位应编写装配图和安装图。

预制构件装配图深化设计成果包括以下内容：

（1）预制构件平面布置图；

（2）预制构件连接构造大样图，索引详图；

（3）节点防水、防火、防腐构造大样图和材料性能要求；

（4）预制构件间连接用零部件图；

（5）其他与预制构件或部品有关的装配大样图。

2.4.4　安装图深化设计

安装图是用于预制构件或部品、部件现场安装，如构件或部品、部件的布置、安装顺序及施工过程中的临时支撑或固定等图纸，主要表达与预制构件相关的施工方案的主要内容。

预制构件安装图深化设计成果包括以下内容：

（1）预制构件安装总说明；

（2）预制构件平面布置图；

（3）构件安装顺序图；

（4）临时支撑在现浇层的预埋件布置图等。

复习思考题

1. 简述装配式建筑技术策划的必要性。

2. 简述装配式建筑集成化设计特点。

3. 装配式建筑设计与传统建筑设计区别是什么？

4. 简述装配式建筑标准化设计。

5. 简述装配式混凝土建筑深化设计的基本原则。

6. 简述装配式混凝土建筑拆分设计的基本原则。

7. 简述装配式混凝土建筑施工图深化设计基本要求。

第 3 章
预制混凝土构件 生产制作

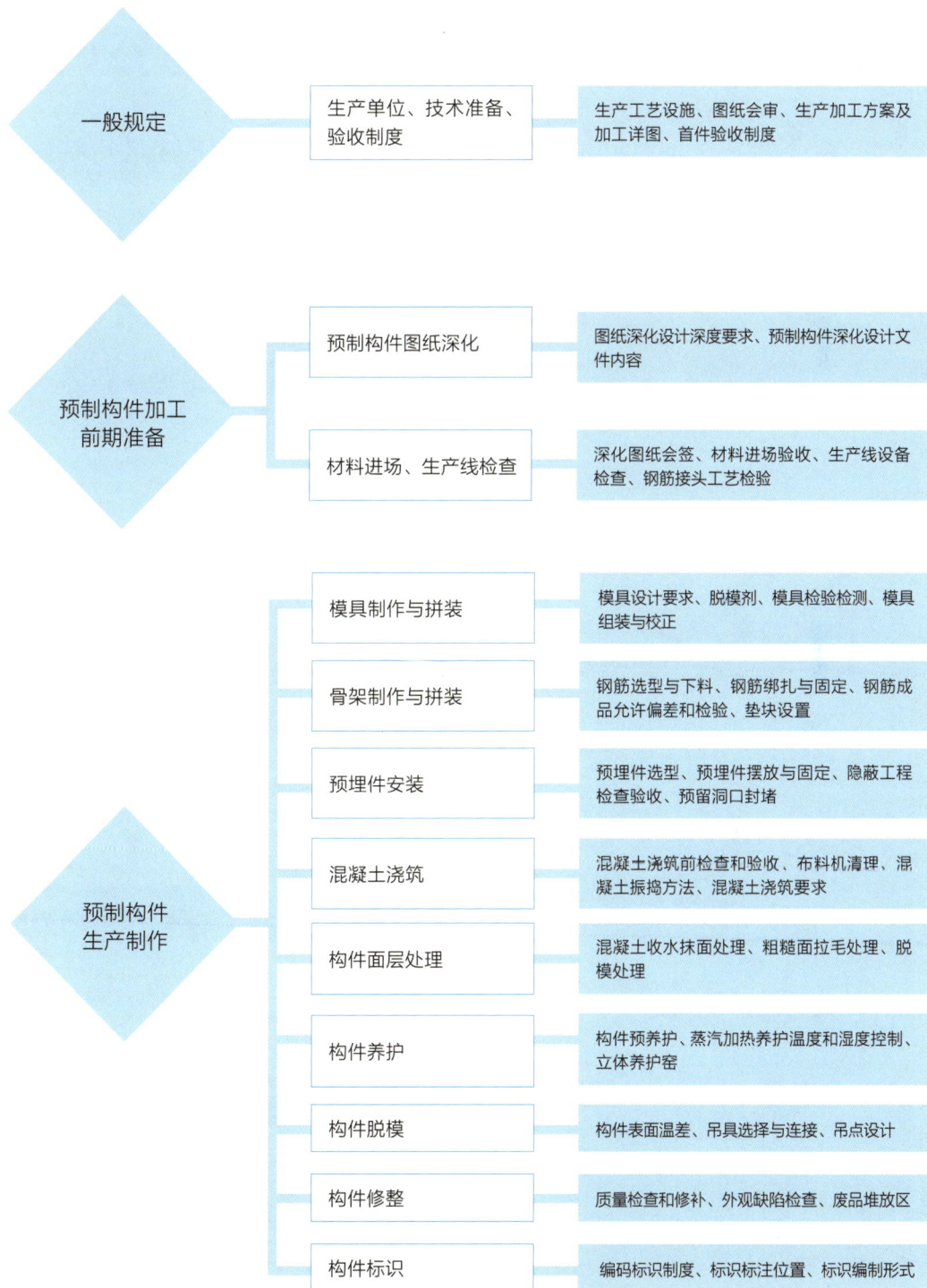

预制混凝土构件生产制作

一般规定 → 生产单位、技术准备、验收制度 → 生产工艺设施、图纸会审、生产加工方案及加工详图、首件验收制度

预制构件加工前期准备
- 预制构件图纸深化 → 图纸深化设计深度要求、预制构件深化设计文件内容
- 材料进场、生产线检查 → 深化图纸会签、材料进场验收、生产线设备检查、钢筋接头工艺检验

预制构件生产制作
- 模具制作与拼装 → 模具设计要求、脱模剂、模具检验检测、模具组装与校正
- 骨架制作与拼装 → 钢筋选型与下料、钢筋绑扎与固定、钢筋成品允许偏差和检验、垫块设置
- 预埋件安装 → 预埋件选型、预埋件摆放与固定、隐蔽工程检查验收、预留洞口封堵
- 混凝土浇筑 → 混凝土浇筑前检查和验收、布料机清理、混凝土振捣方法、混凝土浇筑要求
- 构件面层处理 → 混凝土收水抹面处理、粗糙面拉毛处理、脱模处理
- 构件养护 → 构件预养护、蒸汽加热养护温度和湿度控制、立体养护窑
- 构件脱模 → 构件表面温差、吊具选择与连接、吊点设计
- 构件修整 → 质量检查和修补、外观缺陷检查、废品堆放区
- 构件标识 → 编码标识制度、标识标注位置、标识编制形式

预制构件储运和成品保护	场内驳运	驳运计划及方案、临时支架、专用吊具及垫木
	构件堆放	堆放平面布置要求、堆放区域分类、不同预制构件堆放要求
	构件运输	运输计划及方案、构件尺寸和装重要求、柔性垫片、平板车
	成品保护	运输过程成品保护、堆放后成品保护、出浆孔透光检查

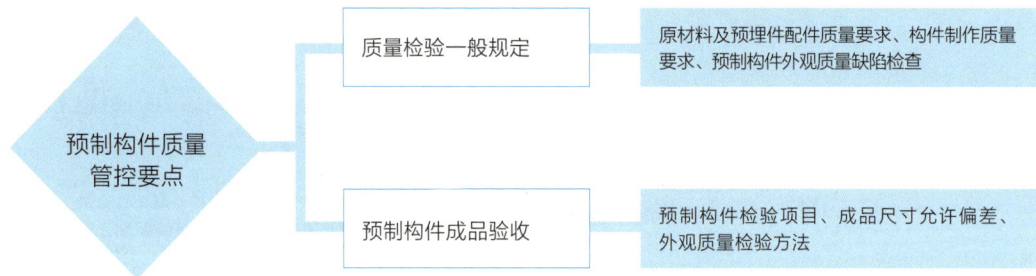

| 预制构件质量管控要点 | 质量检验一般规定 | 原材料及预埋件配件质量要求、构件制作质量要求、预制构件外观质量缺陷检查 |
| | 预制构件成品验收 | 预制构件检验项目、成品尺寸允许偏差、外观质量检验方法 |

| 安全管理与环境保护 | 安全管理 | 安全生产责任制、安全培训教育、操作规程、安全检查制度 |
| | 环境管理 | 粉尘和噪声控制、生产用水水处理、有毒有害废弃物处理 |

预制混凝土构件的生产，按照生产场地的分类，可分为施工现场生产和工厂化生产两大类。对于预制构件数量少、工艺简单、施工现场条件允许的项目，可采用在施工现场生产的方式。但是由于装配混凝土建筑构件种类多、生产工艺复杂、严格进行质量管理，故多采用在预制构件厂生产的方式。本章节主要针对在预制构件厂生产的预制构件制作。

3.1 一般规定

（1）预制构件生产单位应具备保证产品质量要求的生产工艺设施、试验检测条件，建立完善的质量管理体系和制度，并应建立质量可追溯的信息化管理系统。

与质量管理有关的文件包括：法律法规和规范性文件；相关技术标准；企业制定的质量手册、程序文件和规章制度等质量体系文件；与预制构件产品有关的设计文件和资料；与预制构件产品有关的技术指导书和质量管理控制文件；其他相关文件。

（2）预制构件生产前，应由建设单位组织设计、生产、施工、监理单位进行设计文件交底和会审。当设计文件深度不足以指导生产时，应根据批准的设计文件、拟定的生产工艺、运输方案、吊装方案等编制加工详图。

（3）预制构件生产前应编制生产加工方案，具体内容包括：生产计划及生产工艺、模具方案及模具计划、技术质量控制措施、成品保护、运输及存放等内容，必要时应对预制构件脱模、吊运、堆放、翻转及运输等工况进行强度验算。

（4）预制构件生产单位的检测、试验、张拉、计量等设备及仪器仪表均应检定合格，并应在有效期内使用。预制构件企业应配备开展日常试验检测工作的试验室。不具备试验能力的检验项目，应委托第三方检测机构进行试验。

（5）预制构件生产宜建立首件验收制度。生产单位需同建设单位、设计单位、施工单位、监理单位共同进行同类型的预制混凝土构件生产首件验收，重点检查钢筋、模具、预埋件、预留孔洞、成品外观质量（包括标识）、结构性能检验等，共同验收合格后方可批量生产。

（6）预制构件的各项性能指标应符合现行国家标准、设计文件及合同的有关规定。对合格产品应有出厂质量合格证明、进场验收记录，对不合格产品应标识、记录、评价、隔离并按规定处置。

（7）预制构件和部品生产中采用新技术、新工艺、新材料、新设备时，生产单位应制定专项生产加工方案，必要时进行样品试制，经检验合格后方可实施。

（8）预制构件生产企业应根据预制构件生产工艺要求，对相关员工进行专业操作技能的岗位培训。

（9）预制构件制作的通用工艺流程见图 3-1。

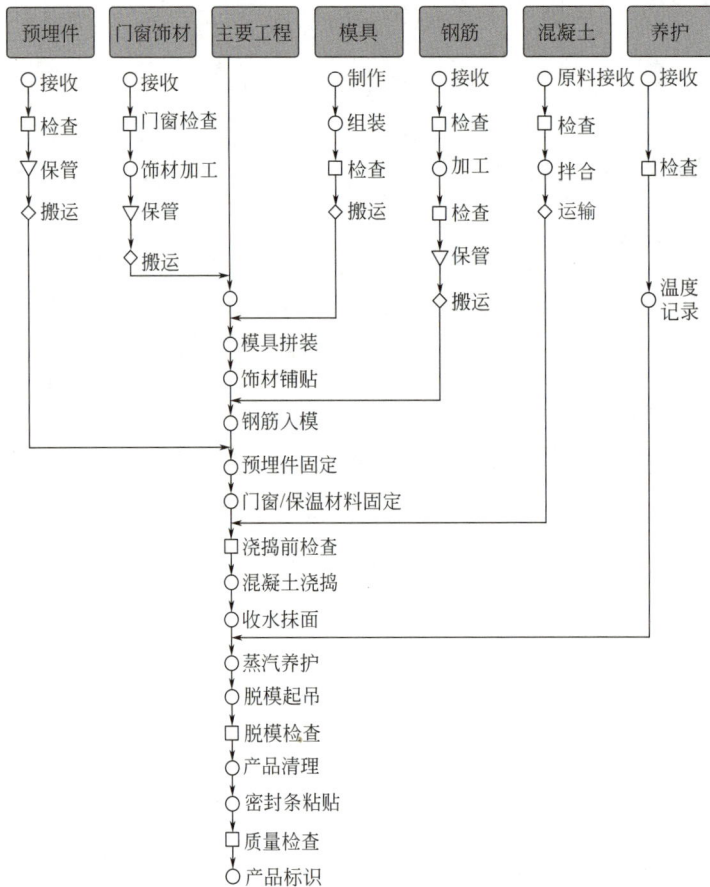

图 3-1　预制构件生产工艺流程图

3.2　预制构件加工前期准备

3.2.1　预制构件图纸深化

在预制构件生产前，应进行施工图深化设计。其深度应满足建筑、结构和机电设备等各专业以及构件制作、运输、安装等各环节的综合要求。生产单位设计研发部门收到设计院全套蓝图后，应审核预制构件深化设计文件。预制构件深化设计文件应包含结构拆分构件制作图、制作到安装的全过程使用要求，并应含以下内容：

建立构件统一标识系统；预制构件的种类、形状、范围、数量、定位、重量；构件的模板图、配筋图、连接构造图；预留预埋等（预埋件、预留孔洞、管线、连接件等）；构件制作、脱模、运输、存放、吊装等生产技术要求；预制构件与塔式起重机、施工电梯等附着装置连接的位置和固定措施。

3.2.2　前期准备

预制构件生产前，应进行设计、生产、施工等协调工作，根据施工企业的构件进场计划，编制生产加工方案。预制构件深化设计图纸应经原设计单位签章或会签，并按规定进行施工图审查。预制构件生产加工方案由技术负责人审批后生产车间根据生产任务单安排生产。

预制构件厂混凝土材料实验室、钢筋加工制作、模具拼装、混凝土搅拌与浇筑、脱模吊装、饰面加工等区域，应以构件生产便利、功能分区明确、人流物流便捷通畅、生产工艺流程顺畅为首要原则来设置。

原材料进场后，材料部门应组织验收原材料质量、钢筋规格、种类、数量等，收取料单、材料质保书及产品合格证，设立专用台账登记。同时应通知实验室取样，对进场材料进行复试。原材料进场验收合格后方可进入堆场，并应按品种、规格、数量分别存放，严禁混仓。

采用钢筋套筒灌浆连接时，灌浆施工前，应对不同钢筋生产企业的进场钢筋进行接头工艺检验。施工过程中，当更换钢筋生产企业，或同生产企业生产的钢筋外形尺寸与已完成工艺检验的钢筋有较大差异时，应再次进行工艺检验。接头工艺检验应符合现行行业标准《钢筋套筒灌浆连接应用技术规程》JGJ 355—2015 和《钢筋机械连接技术规程》JGJ 107—2016 的规定。

3.3 预制构件生产制作

预制构件的制作最为关键的是生产工艺形式和工艺流程。根据生产过程中构件成型和养护方法的不同特点，预制构件的生产工艺可分为三种：固定台座法、机组流水法和传送带法。

固定台座法是模具布置在固定的位置，如特制的地坪、台座等，布置钢筋、构件成型、养护和脱模等生产过程都在台座上进行。固定台座法包括固定模台工艺、立模工艺和预应力工艺等。

机组流水法是在车间内，根据生产工艺的要求将整个车间划分为几个工段，每个工段皆配备相应的工人和机具设备，构件的成型、养护、脱模等生产过程分别在有关的工段循序完成。

传送带法是模板在一条呈封闭环形的传送带上移动，各个生产过程都是在沿传送带循序分布的各个工作区中进行。

机组流水法和传送带法属于流水线生产方式，有手控、半自动和全自动三种类型。对于类型单一且不出筋和表面装饰不复杂的构件，流水线生产可以实现自动化和智能化，能够降低劳动强度、提高效率、节省人工，适合非预应力叠合楼板、无装饰层墙板的制作。

预制构件生产工艺流程如图 3-2 所示。

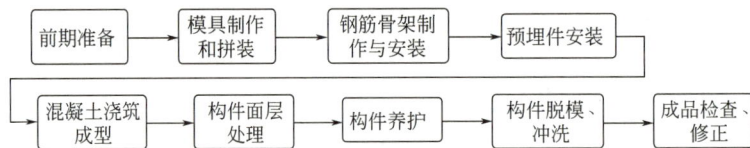

前期准备 → 模具制作和拼装 → 钢筋骨架制作与安装 → 预埋件安装

混凝土浇筑成型 → 构件面层处理 → 构件养护 → 构件脱模、冲洗 → 成品检查、修正

图 3-2 预制构件生产工艺流程

3.3.1 模具制作与拼装

1. 模具制作

（1）模具设计要求

模具设计应兼顾周转使用次数和经济性原则，合理选用模具材料，以标准化设计、

组合式拼装、通用化使用为目标。模具应满足预制构件质量、生产工艺、模具组装与拆卸、周转次数要求，且应满足预埋管线、预留孔洞、插筋、吊件、固定件的安装定位要求。

模具应具有混凝土浇筑、振捣、脱模、翻转、养护、起吊时的强度、刚度和整体稳定性要求。预应力构件的模具应根据设计要求预设反拱。

模具底模可采用固定式钢模台，侧模宜采用钢材或铝合金。当预制构件造型或饰面特殊时应制作样板，宜采用硅胶模与钢模组合等形式。

在保证模具质量和周转次数的基础上，模具应便于清理和涂刷脱模剂，尽可能减轻模具重量，方便人工组装。模具各部件之间应连接可靠，定位准确，且应保证混凝土构件顺利脱模。

模具体系可分为采用独立式模具和大底模模具（即底模可公用，只加工侧模具）。主要的模具类型有底模（平台）、叠合板模具、阳台板模具、楼梯模具、内墙板模具和外墙板模具等。

（2）模具精度控制

模具精度是保证构件制作质量的关键，对于新制、改制或生产数量超过一定数量的模具，生产前应按要求进行尺寸偏差检验，合格后方可投入正常生产。预制构件模具尺寸的允许偏差和检验方法应符合表 3-1 的规定。

预制构件模具尺寸的允许偏差和检验方法   表 3-1

项次	检验项目及内容		允许偏差（mm）	检验方法
1	长度	≤ 6m	1，−2	用钢尺量平行构件高度方向，取其中偏差绝对值较大处
		> 6m 且 ≤ 12m	2，−4	
		> 12m	3，−5	
2	截面尺寸	墙板	1，−2	用钢尺测量两端或中部，取其中偏差绝对值较大处
3		其他构件	2，−4	
4	对角线差		3	用钢尺量纵、横两个方向对角线
5	侧向弯曲		$l/1500$ 且 ≤ 5	拉线，用钢尺量测侧向弯曲最大处
6	翘曲		$l/1500$	对角拉线测量交点间距离值的两倍
7	底模表面平整度		2	用 2m 靠尺和塞尺检查
8	组装缝隙		1	用塞片或塞尺量测，取最大值
9	端模与侧模高低差		1	用钢尺量

注：l 为模具与混凝土接触面中最长边的尺寸。

（3）模具验收检测

在板块加工期间，派专人对构件加工过程尺寸、预埋件进行复核，构件养护完成后对预制构件进行出厂验收，确保板材出厂的质量。

侧模和底模的材料宜选用钢材，所选用的材料应有质量证明书或检验报告。用作底模的台座、胎模、地坪及铺设的底板等应平整光洁，不得有下沉、裂缝、起砂和起鼓。

2. 模具拼装

模具和台座表面应保持清洁，脱模剂应涂刷均匀，满足脱模要求。脱模剂应符合使用要求，且应无毒、无害、不影响混凝土质量和预制构件外观质量，也不影响构件安装后的下道工序施工质量。

模具各部件之间连接应牢固、接缝应紧密。模具组装应按先内后外、先底后面再吊模顺序组装。对于特殊构件，钢筋应先入模后组装。

模具与底模固定方式分为定位销加螺栓固定方式和磁力盒固定方式，固定方式应可靠，防止混凝土振捣成型时造成模具偏移和漏浆。

模具拆卸，先拆吊模，再按先内后外、先面后底顺序拆卸。模具拆卸时不得用锤敲击或硬撬，以免造成模具变形损坏。

模具每次使用后，应清理干净，和混凝土接触部分不得留有水泥浆和混凝土残渣。

3.3.2 骨架制作和拼装

1. 钢筋骨架制作

（1）钢筋材料要求

受力钢筋宜采用 300MPa、400MPa 和 500MPa 的热轧带肋钢筋。应从质检合格批次中取用钢筋进行加工，钢筋宜采用自动化机械设备进行加工，并应符合现行国家标准《混凝土结构工程施工规范》GB 50666—2011 和《混凝土结构钢筋详图设计标准》T/CECS 800—2021 的有关规定。钢筋机械连接或焊接连接接头试件应从完成的实体中截取，并按规定进行性能检验。埋入灌浆套筒的预制构件生产前，应对套筒灌浆连接接头进行工艺检验和现场平行加工试件性能检验。

（2）预制构件钢筋下料

钢筋骨架尺寸应准确，钢筋规格、数量、位置和连接方法等应符合有关标准规定和设计文件要求。钢筋骨架中钢筋接头连接方式一般采用焊接、绑扎等。生产单位应根据产品特点或设计要求选择合适的钢筋连接方式。

钢筋配料应根据构件配筋图，先绘制出各种形状和规格的单根钢筋简图并进行编号，然后分别计算钢筋下料长度和根数，填写配料单，申请加工。

预制混凝土构件在灌浆套筒长度范围内，预制混凝土柱箍筋的混凝土保护层厚度

· · 装配式建筑施工技术与管理

不应小于 20mm，预制混凝土墙最外层钢筋的混凝土保护层厚度不应小于 15mm。

预制柱纵向受力钢筋在柱底采用套筒灌浆连接时，按照《混凝土结构钢筋详图设计标准》T/CECS 800—2021 的有关规定适当延长箍筋加密区（图 3-3）。

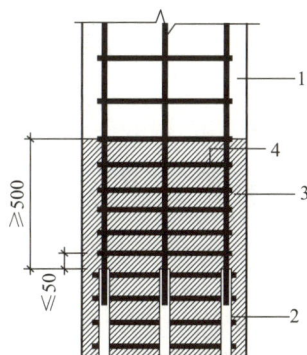

图 3-3　纵筋采用套筒灌浆连接时柱底箍筋加密区及箍筋排布
1—预制柱；2—套筒灌浆连接接头；3—箍筋加密区（阴影区域）；4—加密区箍筋

预制剪力墙纵向受力钢筋在墙底采用套筒灌浆连接时，为了提高墙板的抗剪能力和变形能力，预制剪力墙在底部灌浆套筒部位设置水平分布筋加密区，可使墙板的抗剪能力和变形能力得到提高，也可压缩非加密区长度，节省水平分布筋配筋数量（图 3-4）。

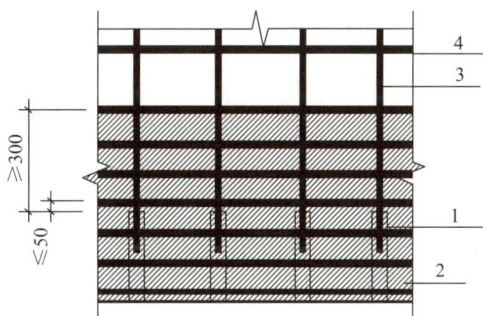

图 3-4　纵筋套筒灌浆连接部位剪力墙水平分布筋加密区钢筋排布
1—灌浆套筒；2—水平分布筋加密区（阴影区域）；3—纵向钢筋；4—水平分布筋

2. 钢筋骨架安装

钢筋半成品、钢筋网片、钢筋骨架和钢筋桁架应检查合格后方可进行安装，并应满足下列要求：

（1）钢筋骨架应安装牢固、位置准确，骨架吊装时应采用多吊点的专用吊架，防止骨架发生扭曲、弯折、歪斜等变形。吊环位置应符合设计和技术交底的要求。

（2）保护层垫块应与钢筋骨架或网片连接牢固，保护垫块按梅花状布置，间距满足钢筋限位及控制变形要求。

（3）钢筋骨架入模时应平直、无损伤，表面不得有油污或者片状锈蚀。

（4）钢筋网片和钢筋骨架宜采用专用吊架进行吊运。应轻放入模，按构件图安装好钢筋连接套管、连接件、预埋件。

（5）钢筋网片或钢筋骨架的允许偏差应符合表3-2的规定。

钢筋成品的允许偏差和检验方法　　　　　　　表3-2

项目	检验项目及内容		允许偏差（mm）	检验方法
钢筋网片	长度及宽度		±5	钢尺检查
	网眼尺寸		±10	钢尺量连续3档，取最大值
	对角线差		5	钢尺检查
	端头不齐		5	钢尺检查
钢筋骨架	长度		0，-5	钢尺检查
	宽度		±5	钢尺检查
	高（厚）度		±5	钢尺检查
	主筋间距	套筒连接	±1	钢尺量两端、中间各一点，取最大值
		其他	±10	
	主筋排距		±5	钢尺量两端、中间各一点，取最大值
	箍筋间距		±10	钢尺量连续3档，取最大值
	起弯点位置		15	钢尺检查
	端头不齐		5	钢尺检查
	保护层	柱、梁	±5	钢尺检查
		板、墙	±3	钢尺检查

钢筋桁架焊接生产时要求三个操作人员现场操作，一人操作设备，一人看管料盘，一人整理成品。

桁架高度应符合设计要求，焊点饱满无脱焊、漏焊现象，支架平直无翘曲。钢筋桁架尺寸允许偏差应符合表3-3的规定。

钢筋桁架尺寸允许偏差　　　　　　　表3-3

项次	检验项目	允许偏差（mm）
1	长度	总长度的±0.3%，且不超过±10
2	高度	+1，-3
3	宽度	±5
4	扭翘	≤5

　　　·　　·　　　　　　　　　装配式建筑施工技术与管理

操作人员对生产桁架按分类、编号堆放整齐。所有成品应采取防雨措施进行堆放，防止桁架表面因雨水侵蚀生锈。

桁架生产完成后及时将所有电源切断，清理生产区域。桁架焊接必须定人定岗，严禁未经过培训人员操作设备。

工序结束后由工长对施工质量进行检查，完成后签字认可，最后由质量员检查合格签字。

3.3.3　预埋件安装

1. 连接材料

预埋件应按材质、品种及规格分类存放并做好标识，且符合预制构件制作图纸的要求，其设置及检测应满足设计及施工要求。钢筋锚固板及锚筋材料应符合现行行业标准《钢筋锚固板应用技术规程》JGJ 256—2011 的有关规定。

钢筋套筒灌浆连接接头采用的灌浆套筒材料性能指标和尺寸允许偏差应符合现行行业标准《钢筋套筒灌浆连接应用技术规程》JGJ 355—2015 和《钢筋连接用灌浆套筒》JG/T 398—2019 的规定。

金属波纹管浆锚搭接连接采用的金属波纹管应符合现行行业标准《预应力混凝土用金属波纹管》JG/T 225—2020 的有关规定。金属波纹管应按规格、品种、直径分类码放，妥善保管，并挂标识牌注明规格、品种等。金属波纹管表面应无裂缝，孔洞、螺纹咬合紧密。

钢筋套筒灌浆连接用灌浆料应符合现行行业标准《钢筋套筒灌浆连接应用技术规程》JGJ 355—2015 和《钢筋连接用套筒灌浆料》JG/T 408—2019 的有关规定。

2. 预埋件安装

预埋件安装位置应准确，并满足方向性、密封性、绝缘性和牢固性等要求。金属预埋件要固定在产品尺寸允许误差范围以内的位置，且预埋件必须全部采用夹具固定。

当预埋件为混凝土表面平埋的钢板，且其短边的长度大于 200mm 时，应在中部加开排气孔；当预埋件带有螺丝牙时，其外露螺牙部分应先用黄油涂满，再用韧性纸或薄膜包裹保护，构件安装时方可剥除。

固定在模板上的预埋件和预留孔洞宜通过模具进行定位，并安装牢固，其安装位置的允许偏差应符合表 3-4 的规定。

项次	检查项目		允许偏差（mm）	检验方法
1	预埋钢板、建筑幕墙用槽式预埋组件	中心线位置	3	用尺量测纵横两个方向的中心线位置，取其中较大值
		安装平整度平面高差	±2	钢直尺和塞尺检查
2	预埋管、电线盒、电线管水平和垂直方向的中心线位置偏移、预留孔、浆锚搭接预留孔（或波纹管）中心线位置		2	用尺量测纵横两个方向的中心线位置，取其中较大值
3	插筋	中心线位置	3	用尺量测纵横两个方向的中心线位置，取其中较大值
		外露长度	+10，0	用尺量测
4	吊环	中心线位置	3	用尺量测纵横两个方向的中心线位置，取其中较大值
		外露长度	0，-5	用尺量测
5	预埋螺栓	中心线位置	2	用尺量测纵横两个方向的中心线位置，取其中较大值
		外露长度	+5，0	用尺量测
6	预埋螺母	中心线位置	2	用尺量测纵横两个方向的中心线位置，取其中较大值
		平面高差	±1	钢直尺和塞尺检查
7	预留洞	中心线位置	3	用尺量测纵横两个方向的中心线位置，取其中较大值
		尺寸	+3，0	用尺量测纵横两个方向尺寸，取其中较大值
8	灌浆套筒及连接钢筋	灌浆套筒中心线位置	2	用尺量测纵横两个方向的中心线位置，取其中较大值
		连接钢筋中心线位置	±1	用尺量测纵横两个方向的中心线位置，取其中较大值
		连接钢筋外露长度	+5，0	用尺量测

3. 隐蔽工程验收

在混凝土浇筑成型前应按照《混凝土结构工程施工质量验收规范》GB 50204—2015 的相关规定，进行预制构件的隐蔽工程质量验收，其内容包括：

钢筋的牌号、规格、数量、位置和间距等；纵向钢筋的连接方式、接头位置、接头数量、接头面积百分率、搭接长度等；箍筋、横向钢筋的牌号、规格、数量、位置、间距、箍筋弯钩的弯折角度及平直段长度；预留孔道的规格、数量、位置、灌浆孔、排气孔、锚固区局部加强构造等；预埋件、灌浆套筒、吊环、插筋及预留孔洞、金属波纹的规格、数量、位置及固定措施等；预应力筋及其锚具、连接器和锚垫板的品种、规格、数量、位置；预埋管线、线盒的规格、数量、位置、固定措施等。

3.3.4　混凝土浇筑

浇筑混凝土前，应逐项对模具、钢筋、连接套筒、拉结件、预埋件、预留孔洞、混凝土保护层等进行检查和验收，符合要求时，方可进行浇筑。

混凝土浇筑时放料高度应小于500mm，并应均匀摊铺。

混凝土浇筑应保证混凝土的均匀性和密实性。混凝土宜一次连续浇筑。必须分层浇筑时，其分层厚度应符合相关规定，上层混凝土应在下层混凝土初凝之前浇筑完毕。

预制构件的振捣与现浇结构不同之处就是可采用振动台的方式，振动台多用于中小预制构件和专用模具生产的先张法预应力预制构件。

混凝土浇筑应布料均衡，浇筑和振捣时，应由专人对模板及支架进行观察和维护，发生异常情况应立即停止浇筑，并在已浇筑混凝土初凝前对发生变形或位移的部位进行调整，完成后方可进行后续浇筑工作。

振捣每点振动时间控制在10～30s为宜，振动棒操作时要做到"快插慢拔"，防止混凝土发生分层、离析现象和产生孔洞。振捣至混凝土表面无明显塌陷、有水泥浆出现、不再溢出气泡为止。

3.3.5　构件面层处理

预制构件混凝土收水抹面可分为木质抹刀收平和金属抹刀收光。收水抹面一般要进行3~4遍，第1道收水抹面应在振捣完成后完成，最后1道收水抹面应在将要初凝前几分钟完成，中间几道收水抹面应根据混凝土浇筑环境、构件规格及操作工人的经验和操作方法完成。

预制构件与后浇混凝土实现可靠连接可以采用连接钢筋、键槽及粗糙面等方法。粗糙面的面积不宜小于结合面的80%，粗糙面可采用拉毛或凿毛处理方法，也可采用化学处理方法。

采用拉毛处理方法时应在混凝土达到初凝状态前完成。预制板的粗糙面凹凸深度不应小于4mm，预制梁端、预制柱端、预制墙端的粗糙面凹凸深度不应小于6mm。拉毛操作时间应根据混凝土配合比、气温以及空气湿度等因素综合把控，过早拉毛会导致粗糙度降低，过晚会导致拉毛困难甚至影响混凝土表面强度。

采用化学方法处理时可在模板上或需要露骨料的部位涂刷缓凝剂，脱模后用高压水冲洗混凝土表面，避免残留物对混凝土及其结合面造成影响。最后确认粗糙面深度是否满足要求。如无法满足设计要求，可通过调整缓凝剂品种解决。

3.3.6 构件养护

预制构件养护应根据气温、生产进度、构件类型等影响因素选择自然养护和加热养护等养护方式。

根据场地条件及预制工艺的不同，加热养护可选择蒸汽加热、电加热或模具加热等方式，适用于固定台座法和机组流水法生产组织方式，其中蒸汽养护的立体养护窑占地面积小，而且单位养护能耗较低。

加热养护效果与加热养护制度有关。预制构件加热养护制度应分为静停、升温、恒温和降温四个阶段，养护过程应符合下列规定：

（1）静停阶段为混凝土构件成型后宜在常温下停放养护，以防止构件表面产生裂缝和疏松现象。普通硅酸盐水泥制作的构件时间不宜少于 2h，火山灰硅酸盐水泥或矿渣水泥制作的构件不需静置。

（2）升温阶段是构件的吸热阶段。对于塑性混凝土，升温速度不超过 25℃/h，其他构件不超过 20℃/h。

（3）恒温阶段是升温后温度保持不变的时间。此时混凝土强度增长最快，应保持 90%~100% 的相对湿度。最高养护温度不宜超过 70℃。

（4）降温阶段是构件散热过程。降温速度不宜大于 10℃/h。

（5）采用加热养护时应注意预埋热塑性等部件的变形情况。夹芯保温外墙板最高养护温度不宜大于 60℃。

（6）加热养护完成后，预制构件出池的表面温度与环境温度的差值不宜超过 25℃。

3.3.7 构件脱模

预制构件脱模应按顺序拆除模具，不得使用振动方式拆模。脱模宜先从侧模开始，先拆除固定预埋件的夹具，再打开其他模板。预制构件脱模时的表面温度与环境温度差值不宜超过 25℃。

预制构件起吊前，应确认构件与模具间的连接部分完全拆除后方可起吊。预制构件脱模起吊时，同条件养护混凝土立方体试块抗压强度应满足设计要求，当设计无要求时，达到设计的混凝土立方体抗压强度标准值的百分率应符合表 3-5 的规定，且不应小于 15N/mm²。预应力混凝土构件脱模起吊时，混凝土抗压设计强度不应小于混凝土设计强度的 75%。

构件脱模起吊时混凝土强度允许值

表 3-5

构件类型	构件跨度（m）	达到设计的混凝土立方体抗压强度标准值的百分率（%）
板	≤ 2	≥ 40
板	> 2，≤ 8	≥ 65
板	> 8	≥ 75
梁	≤ 8	≥ 50
梁	> 8	≥ 75
柱	—	≥ 65
阳台	≤ 8	≥ 50
阳台	> 8	≥ 75
楼梯	—	≥ 65

预制构件吊点设置应满足平稳起吊的要求，平吊吊运不宜少于 4 个，侧吊吊运不宜少于 2 个、不多于 4 个吊点，且对于对称构件宜对称布置，对于不规则构件，应根据形状、重心确定吊点。

墙板构件宜采用翻转起吊，楼板宜采用专用多点滑动平衡吊具进行起吊，复杂异形构件应采用专门的吊具进行起吊。

3.3.8 构件修整

在预制构件堆放区域应设置专门的混凝土构件整修场地，在整修场地内可对刚脱模的构件进行清理、质量检查和修补。

构件在起模、倒运、装车过程中，如果发现构件有损伤的，应及时上报。由质量员、技术员确定构件损伤程度，可修补则将构件运至构件修补区，不可再用则将构件运至构件废品堆放区，并及时补做。

对于各种类型的混凝土外观缺陷，由质量员、技术员制定相应的构件修补方案，并配有相应的修补材料和工具。预制构件应在修补合格后将构件装车出厂或驳运至合格成品堆放场地。

3.3.9 构件标识

构件生产单位应建立构件成品质量出厂检验和编码标识制度，构件应在脱模起吊至整修堆场或平台时进行标识。标识的内容包括：工程名称、产品名称、型号、编号、生产日期、制作单位、合格标识等。

标识应标注于堆放与安装时容易辨识且不易被破坏或遮挡的位置。

标识应采用统一的编制形式，宜采用喷涂法或印章方式制作标识。基于预制构件生产信息化的要求，宜采用预制构件表面预埋带无线射频芯片的标识卡（RFID芯片）制作标识，有利于实现装配式混凝土建筑质量全过程控制和追溯。

3.4 预制构件储运与成品保护

3.4.1 场内驳运

构件成品驳运时，应根据构件尺寸及重量要求选择驳运车辆，装卸及驳运过程应考虑车体平衡。驳运过程应采取防止构件移动或倾覆的可靠固定措施，驳运竖向薄壁构件时，宜设置临时支架。构件边角及构件与捆绑、支撑接触处，宜采用柔性垫衬加以保护。

构件成品驳运时，必须使用专用吊具，应使每一根钢丝绳均匀受力。钢丝绳与成品的夹角不得小于45°，确保成品呈平稳状态，构件应轻起慢放。

预制柱、梁、叠合楼板、阳台板、楼梯、空调板宜采用平放驳运，预制墙板宜采用竖直立放驳运。

3.4.2 构件堆放

预制构件堆放应符合下列规定：

（1）预制构件需编制堆放方案，其内容包括堆场平面布置、固定要求、堆放支垫及成品保护措施等。对于超高、超宽、形状特殊的大型构件的运输和堆放应有专门的质量安全保证措施。

（2）构件的存放场地应平整坚实，需经过承载力验算，并应有排水措施。

（3）构件成品应按合格区、待修区和不合格区分类堆放，并应对各区域进行醒目标识。

（4）预埋吊件应朝上，标识宜朝向堆垛间的通道。连接止水条、高低口、外叶预留板、墙体转角等薄弱部位尽量避免直接受力，无法避免时应采用定型保护垫块或专用套件做加强保护。

（5）构件支垫应坚实，垫块在构件下的位置宜与脱模、吊装时的起吊位置一致。

（6）重叠堆放构件时，每层构件间的垫块应上下对齐，堆垛层数应根据构件、垫块的承载力确定，并应根据需要采取防止堆垛倾覆的措施。

（7）堆放预应力构件时，应根据构件起拱值的大小和堆放时间采取相应措施。

3.4.3　构件运输

构件运输前应制定预制构件的运输方案，其内容包括运输时间、次序、运输线路、构件固定措施、成品保护措施、车辆及人员管理要求等。构件运输的总高度不宜超过4.5m，总宽度不宜超过运输车辆的车宽。

预制构件的运输应满足构件尺寸和载重的要求，装车运输时应符合下列规定：

（1）装卸构件时应采取保证车体平衡的措施。

（2）运输构件时，应采取绑扎固定措施，防止构件移动或倾倒、变形等。

（3）运输竖向薄壁构件时应根据需要设置临时支架。

（4）对构件边角部或与紧固装置接触处的混凝土，宜采用衬垫加以保护。

（5）运输线路有限高要求时，构件堆放高度不应超过限高要求。

（6）墙板构件运输，当采用靠放架堆放或运输构件时，靠放架应具有足够的承载力和刚度，构件与地面倾斜角度宜大于80°。墙板宜对称靠放且外饰面朝外。

（7）墙板构件运输，当采用插放架直立堆放或运输构件时，宜采取直立运输方式。插放架应有足够的承载力和刚度，并应支垫稳固。

（8）墙板采用叠层平放的方式堆放或运输构件时，应采取防止构件产生裂缝的措施。

预制构件运输宜选用低平板车，且应有可靠的稳定构件措施。预制构件的运输应在混凝土强度达到设计强度的100%后进行。

预制构件采用装箱方式运输时，箱内四周应采用木材、混凝土块作为支撑物，构件接触部位应用柔性垫片填实，支撑应牢固（图3-5）。

图 3-5 预制构件运输照片

3.4.4 成品保护

预制构件在驳运、堆放、出厂运输过程中应进行成品保护。

1. 构件运输过程成品保护

预制构件在运输过程中宜在构件与刚性搁置点处填塞柔性垫片，避免预制构件边角部位或链索接触处的混凝土损伤。

预制外墙板面砖、石材、涂刷表面以及门窗可采用贴膜或其他专业材料保护。

在运输车内放置强度、稳定性及刚度验算的靠放架或插放架，以保证运输过程的安全性和稳定性。

2. 构件堆放后成品保护

（1）预制构件成品外露保温板应采取防止开裂措施，外露钢筋应采取防弯折措施，外露预埋件和连结件等外露金属件应按不同环境类别进行防护或防腐、防锈。

（2）宜采取保证吊装前预埋螺栓孔清洁的措施，钢筋连接套筒、预埋孔洞应采取防止堵塞的临时封堵措施。

（3）露骨料粗糙面冲洗完成后应对灌浆套筒的灌浆孔和出浆孔进行透光检查，并清理灌浆套筒内的杂物。

（4）冬季生产和存放的预制构件的非贯穿孔洞应采取措施防止雨雪水进入发生冻胀损坏。

3.5 预制构件质量管控要点

3.5.1 成品质量检验一般规定

（1）用于构件制作的原材料、预埋件和配件等的质量应符合现行国家、行业及地方有关标准的规定。

（2）生产企业生产的预制构件应按《建筑与市政工程施工质量控制通用规范》GB 55032—2022、《钢筋套筒灌浆连接应用技术规程》JGJ 355—2015、《钢筋连接用灌浆套筒》JG/T 398—2019、《混凝土结构工程施工质量验收规范》GB 50204—2015以及行业和地方的相关规定进行验收。

（3）预制构件应按设计要求和现行国家标准《混凝土结构工程施工质量验收规范》GB 50204—2015的有关规定进行结构性能检验。

（4）预制构件表面装饰、涂饰施工和保温板设置质量检验要求应按现行国家标准《建筑装饰装修工程质量验收标准》GB 50210—2018和地方相关规范的规定执行。

（5）预制构件生产时应采取措施避免外观质量缺陷。外观质量缺陷根据其影响结构性能、安装和施工工程的严重程度，可按表3-6的规定划分为严重缺陷和一般缺陷。

预制构件外观质量缺陷 表3-6

名称	现象	严重缺陷	一般缺陷
露筋	构件内钢筋未被混凝土包裹而外露	纵向受力钢筋有露筋	其他钢筋有少量露筋
蜂窝	混凝土表面缺少水泥浆而形成石子外露	构件主要受力部位有蜂窝	其他部位有少量蜂窝
孔洞	混凝土中空穴深度和长度均超过保护层厚度	构件主要受力部位有孔洞	其他部位有少量孔洞
夹渣	混凝土中有杂物且深度超过保护层厚度	构件主要受力部位有夹渣	其他部位有少量夹渣
裂缝	缝隙从混凝土表面延伸至混凝土内部	构件主要受力部位有影响结构性能或使用功能的裂缝	其他部位有基本不影响结构性能或使用功能的裂缝
连续部位缺陷	构件连接处混凝土缺陷及连接钢筋、连接铁件松动	连接部位有影响结构传力性能的缺陷	连接部位有基本不影响结构传力性能的缺陷
外形缺陷	缺陷掉角、棱角不直、翘曲不平、面砖表面翘曲等	清水混凝土构件有影响使用功能或装饰效果的外形缺陷	其他混凝土构件有不影响使用功能的外形缺陷
外表缺陷	构件表面麻面、掉皮、起砂、沾污等	具有重要装饰效果的清水混凝土构件有外表缺陷	其他混凝土构件有不影响使用功能的外表缺陷

3.5.2　预制构件成品验收

预制构件的质量检验应按模具、钢筋及预埋筋、混凝土、预制构件等检验项目进行。检验时对制作或改制作后的模具和预制构件按件检验。对原材料、预埋件、钢筋半成品和成品、重复使用的定型模具等应分批随机抽样检验，对混凝土拌合物工作性能及强度应按批检验。

预制构件成品的检查项目包括预制构件的外观质量、预制构件外形尺寸、预埋件标识、预埋件、插筋和预留孔洞、连接套筒、预制构件的外装饰和门窗框。

质检检查结果和方法应符合现行国家标准的规定。预制构件生产企业应按照相关标准和合同要求，交付构件时需提供对应的产品质保书。

预制构件外观质量、允许偏差的检验方法以及检验规则应满足现行行业标准《工厂预制混凝土构件质量管理标准》JG/T 565—2018 的有关规定。

预制构件的外观质量不宜有一般缺陷且不应有严重缺陷。对已经出现一般外观缺陷的构件，应按技术处理方案进行处理，重新检查验收。对已经出现的严重缺陷应经原设计单位认可后，再按技术处理方案进行处理，重新检查验收。

预制构件中的预埋件及预留孔洞的形状尺寸和中心定位偏差非常重要，生产时应按要求进行抽样检验。预制构件的尺寸偏差及预留孔、预留洞、预埋件、预留插筋、键槽的位置偏差应符合表 3-7 的规定。对于施工过程中临时使用的预埋件中心线位置及预制构件粗糙面处的尺寸允许偏差可适当放宽 1.5 倍。对于形状复杂或设计有特殊要求的构件，其尺寸偏差应符合设计要求。

预制构件成品尺寸允许偏差及检验方法   表 3-7

检查项目		允许偏差（mm）	检验方法
长度	板、梁、柱、桁架 <12m	±5	用尺量两端及中部，取其中偏差绝对值较大值
	板、梁、柱、桁架 ≥12m 且 <18m	±10	
	板、梁、柱、桁架 ≥18	±20	
	墙板	±4	
	楼梯	±5	
宽度、高（厚）度	板、梁、柱、桁架截面尺寸	±5	钢尺量两端及中部，取其中偏差绝对值较大值
	墙板的高度、厚度	±3	
	楼梯	±3	
	楼梯踏步高	±2，且相邻两个踏步高度差 ≤ 4	
	楼梯踏步宽	±2	
表面平整度	板、梁、柱、墙板内表面	4	2m 靠尺和塞尺量测
	墙板外表面、楼梯	3	

   ·   ·   装配式建筑施工技术与管理

检查项目		允许偏差（mm）	检验方法
侧向弯曲	板、梁	l/750 且≤ 20	拉线、钢尺量最大侧向弯曲处
	墙板、桁架	l/1000 且≤ 20	
	楼梯	l/750 且≤ 10	
翘曲	板	l/750	调平尺在两端量测
	墙板	l/1000	
对角线差	楼板、楼梯	6	钢尺量两个对角线
	墙板、门窗口	5	
起拱高度	梁、板、桁架设计起拱	±10	拉线、钢尺量最大弯曲处
挠度变形	梁、板、桁架下垂	0	
预埋件	预埋件钢筋锚固板中心线位置	5	尺量检查
	预埋件钢筋锚固板与混凝土面平面高差	0，-5	
	预埋螺栓中心线位置	2	
	预埋螺栓外露长度	±10，±5	
	预埋套筒、螺母中心线位置	2	
	预埋套筒、螺母与混凝土面平面高差	0，-5	
	线管、电盒、木砖、吊环在构件平面的中心线位置偏差	20	
	线管、电盒、木砖、吊环与构件表面混凝土高差	0，-10	
预留孔	中心线位置	5	用尺量纵横两个方向尺寸，取其最大值
	孔尺寸	±5	
预留洞	中心线位置	5	尺量检查
	洞口尺寸、深度	±5	
门窗口	中心线位置	5	尺量检查
	宽度、高度	±3	
预留插筋	灌浆套筒外露钢筋 中心线位置	+2，0	尺量检查
	灌浆套筒外露钢筋 外露长度	+10，0	
	其他 中心线位置	3	尺量检查
	其他 外露长度	+5，0	
键槽	中心线位置	5	尺量检查
	长度、宽度、深度	±5	

注：l 为模具与混凝土接触面中最长边的尺寸。

3.6 安全管理与环境保护

3.6.1 安全管理

预制构件生产企业应建立健全安全生产责任制，制定相应的安全技术规范及安全技术劳动保护措施，确保安全管理目标落到实处。

根据职工的专业、工种的特点，进行技能和技术知识教育。加强对新进员工的三级安全教育，从而实现安全教育的基本要求，严禁无证上岗和违章作业。

预制构件生产企业宜成立劳务用工管理小组，进一步提高劳务工队伍的整体管理水平，确保安全生产无事故目标。

预制构件生产区域操作人员应配备合格劳动防护用品。所有人员进入生产区域必须正确佩戴和使用安全帽。

行车及各类电器、机械设备必须严格执行操作规程，操作人员应进行安全技术和安全操作技术规程等方面的培训，无关人员严禁进入作业区域内。使用机械设备、电气设备前必须按规定穿戴和配备好相应的安全防护用品，并检查电气装置和保护设施。

预制构件生产企业应建立消防管理制度，成立消防领导小组，按规定配备消防器材和设施，并进行定期检查和维护。

易燃、易爆品必须储存在专用仓库、专用场地，并设专人管理。仓库内应当配备消防力量和灭火设施，严禁在仓库内吸烟和使用明火。

严格遵守电气安全使用规定，不得超负荷用电，必须做到"三级配电两级漏电保护"和"一机、一闸、一漏、一箱"的规定。

生产区域原材料堆放整齐，全部设置标识牌。构件堆放区应设置隔离围栏，并设置明显的警示标识牌，按品种、规格、吊装顺序分别设置堆垛，其他建筑材料、设备不得混合堆放，防止搬运时相互影响造成伤害。

预制构件吊运时，应采用慢起、稳升、缓放的操作方式。吊运过程应保持稳定，不得偏斜、摇摆和扭转，严禁吊装构件长时间悬停在空中。

应实行预制构件吊装作业班前检查制度，发现损坏或磨损超标的吊索、吊具等，应及时更换。预制构件吊装作业区域应合理设置警戒区和警戒标志，并设专人监护，严禁非作业人员进入。预制构件起吊时，下方严禁站人，必须待吊物降落至离地 1m

以内方准靠近，就位固定后方可脱钩。

3.6.2　环境管理

施工项目部应制定施工环境保护计划，落实责任人员，并应组织实施。混凝土结构施工过程的环境保护效果，宜进行自评估。

预制构件生产企业应在混凝土和构件生产区域采取防尘、降尘的技术手段并设置除尘、吸收等净化设施。可能造成扬尘的堆储材料，宜采取扬尘控制措施。

施工过程中，应对材料搬运、施工设备和机具作业等采取可靠的降低噪声措施。

预制构件生产用水必须经过相应处理并符合标准后方可排放。砂、石等原材料不得露天堆放。

宜选用环保型脱模剂。涂刷模板脱模剂时，应防止洒漏。含有污染环境成分的脱模剂，使用后剩余的脱模剂及其包装等不得与普通垃圾混放，并应由厂家或有资质的单位回收处理。

混凝土外加剂、养护剂的使用，应满足环境保护和人身健康的要求。

施工中可能接触有害物质的操作人员应采取有效的防护措施。

不可循环使用的建筑垃圾应运至指定地方堆放，有毒有害的废弃物应及时收集送至指定存储器内，按规定回收，严禁未经处理随意丢弃和堆放。可循环使用的建筑垃圾，应加强回收利用，并做好记录。

复习思考题

1. 简述装配式混凝土构件生产过程中所用模具设计原则。
2. 简述预制构件加工前期准备工作内容。
3. 简述预制构件生产制作流程。
4. 预制构件加热养护的养护制度应满足哪些要求？
5. 简述预制构件质量管控要点。
6. 简述预制构件存放及成品保护要点。

第 4 章

装配式混凝土建筑施工技术

装配式混凝土建筑施工技术

装配式混凝土建筑施工准备

- 施工准备 —— 技术准备、施工现场准备、劳动组织准备、物资准备、资源配置计划
- 预制构件进场验收 —— 进场构件质量证明文件、预制构件质量验收、隐蔽工程验收
- 现场堆放 —— 避免二次搬运、场地硬化处理、各预制构件堆放要求
- 吊装准备工作 —— 起重机械和索具设备选择、预制构件吊装定位、吊装构件及埋件检查

预制构件吊装安装施工工艺

- 预制构件吊装作业要求 —— 吊装作业专项施工方案、预制构件编号、预制构件试吊、构件安装对位
- 标准层安装施工流程 —— 定位放线、支撑体系搭设、预制构件吊装、钢筋连接、模板施工、混凝土浇筑及养护

预制构件调节及就位

- 斜支撑的作用 —— 斜支撑的组成、临时固定、预制构件垂直度调整
- 斜支撑安装要求 —— 斜支撑安装技术要求，斜支撑个数要求、空间要求
- 斜支撑拆除要求 —— 结构系统稳定、后浇混凝土强度要求、灌浆料强度要求、场地清理
- 预制构件测量定位 —— 测量定位控制、划构件安装位置控制线、测量放线"内控法"、双控制
- 预制构件安装验收标准 —— 临时固定和支撑要求、预制构件连接要求、预制构件位置和尺寸偏差检验方法

装配整体式框架结构施工技术

- 预制柱吊装施工 —— 基层处理、楼层放线、预留插筋定位复核、定位校正和临时固定、套筒灌浆
- 灌浆套筒连接及灌浆施工要求 —— 施工准备、灌浆料制备、座浆料制作、封边操作、出浆孔封堵
- 预制梁、叠合板支撑架体设置 —— 模板及支撑体系专项施工方案、支撑架体高宽比、校核支撑架体标高
- 预制叠合梁安装施工 —— 支撑体系检查、预制梁吊装就位、侧模板安装、后浇节点钢筋布置与绑扎
- 预制叠合板吊运安装施工 —— 叠合板安装顺序图、叠合板吊点设置、预埋管线埋设、板边线和板端控制线
- 预制楼梯吊运安装施工 —— 预制楼梯吊具检查、预制楼梯连接方式、楼梯安装控制线
- 后浇混凝土施工 —— 钢筋安装及预埋管线布置、模板安装与调整、混凝土连续浇筑、叠合梁节点连接

装配整体式剪力墙结构施工技术

预制构件进场检查 —— 出厂质量验收文件、首批进场构件检查、一般项目内容

预制构件吊装准备工作 —— 预制构件弹线、定位放线、预制剪力墙水平调整、吊具检查、钢筋位置确认

预制剪力墙构件组装 —— 划线标高、斜支撑设置、预制构件垂直度调整、安装质量检查

预制墙板分仓与灌浆封堵 —— 灌浆料制备、座浆料制作、封边与分仓、出浆口封堵、

转换层连接钢筋定位 —— 转换层定义、首层连接钢筋定位、转换层钢筋加工、钢筋顶标高复核

预制剪力墙后浇混凝土施工 —— 后浇节点形式、封闭箍筋位置、模板选型和拼接、后浇混凝土连续浇筑

预制梁、叠合板、楼梯构件吊装施工 —— 施工人员准备、底板位置标高调整、吊装机具试吊、构件安装就位及校正

装配式混凝土建筑 BIM 技术应用

BIM 项目准备 —— BIM 协同平台建立、BIM 实施标准和构件库、BIM 项目实施计划和应用价值

项目 BIM 实施策划 —— 项目实施计划、应用目标、管理组织架构、设计程序、信息交换、数据要求、技术基础条件

预制构件深化设计 —— 预制构件模数化、部品化、通用化设计、BIM 应用交付成果内容

预制构件和部品生产 —— 工艺管理、模具管理、质量管理、进度管理、成品管理等 BIM 应用

运输与吊装 —— 动态施工仿真模拟、施工吊装模拟、GIS 和物联网结合应用

BIM 施工实施 —— 施工方案技术交底应用、施工模拟和碰撞检查、工程量清单应用

运营维护管理 —— 运维阶段 BIM 模型、隐蔽工程改造、互动场景模拟

4.1 装配式混凝土建筑施工准备

4.1.1 施工准备

装配式混凝土建筑施工准备应包括技术准备、施工现场准备和劳动组织准备等。

1. 技术准备

技术准备是工程施工准备工作的核心。其主要内容包括：图纸会审、技术资料的准备、编制专项施工方案、各分项工程技术交底、编制样板制作等。

（1）装配式混凝土建筑施工前，应组织设计、生产、施工、监理等单位对设计文件进行图纸会审，确定施工工艺措施。

（2）施工单位应准确理解设计图纸的要求，掌握有关技术要求及细部构造，根据工程特点和相关规定，进行施工复核及验算、编制专项施工方案。

专项施工方案，应包括下列内容：

1）进度计划：结构总体施工进度计划，构件生产计划，构件安装计划。

2）预制构件运输方案：车辆型号、数量，运输路线，现场装卸方法等。

3）施工总平面图：场内通道，吊装设备布置，构件码放场地等。

4）主要施工措施：构件安装方案，构件临时支撑方案、节点施工方案，防水施工方案，灌浆套筒连接专项施工方案等。

5）安全保证措施：吊装安全措施。

6）质量保证措施：构件安装的专项施工质量管理。

7）绿色施工措施。

（3）重视设计交底工作，每次设计交底前，由项目工程师召集各相关岗位人员汇总、讨论图纸问题。设计交底时，会同设计人员切实解决疑难问题和有效落实现场碰到的图纸与施工矛盾。

（4）切实加强与建设单位、设计单位、预制构件加工制作单位、施工单位以及相关单位的联系，及时加强沟通与信息联系。

（5）施工前，坚持样板引路制度，让施工人员了解装配式混凝土建筑项目的特点和要点，正式施工时，有一个参照和实样概念。

2．施工现场准备

施工现场准备应根据现场施工条件和实际需要，准备现场生产、生活等临时设施等。主要包括施工总平面图布置规划、场地准备、搭设临时设施等。

施工现场准备应结合工程实际情况，阐明已具备的施工条件和开工前应完成的现场安排。

（1）场内准备

施工现场做好"三通一平"即路通、水通、电通和平整场地的准备，现场运输道路和存放堆场应平整坚实，并有排水措施。运输车辆进入施工现场的道路，应满足预制构件的运输要求。根据最重、最远预制构件、平面位置及施工现场平面布置，合理选择起重机械和吊装设备，合理安排起重机械的位置和预制构件的堆场位置。需进行预制构件进场验收和进场后管理，预制构件进场前根据构件标号和吊装顺序预先编号，便于吊装作业。

（2）场外准备

场外做好随时与预制构件厂家的沟通，根据不同生产厂家的实际情况，做出合理的整体施工计划、预制构件进场计划。同时先请预制构件厂家到现场实地了解情况，了解施工现场的道路宽度、厚度和转弯半径等情况并开车实地检验。施工前派遣质量人员去预制构件厂家进行质量验收，将不合格预制构件排除，避免不合格产品进入工地，影响施工进度。

3．劳动组织准备

开工前应做好劳动组织准备，建立拟建工程项目领导机构，明确各部门工作任务。组建、成立装配式结构施工项目课题攻关小组和项目实施小组，分析、研究课题对象，实施现场操作与施工，达到课题目标要求。

做好专业多工种施工劳动力组织，选择和培训熟练技术工人，按照各工种的特点和要点，加强安排与落实。

按照三级技术交底程序要求，逐级进行技术交底，特别是对不同技术工种的针对性交底，要切实加强和落实。

施工前，坚持样板引路制度，让施工人员了解装配式结构项目的特点和要点，正式施工时，有一个参照和实样概念。

4．物资准备

施工前要将装配式结构施工物资准备好，以免在施工过程中因为物资问题影响施工进度和质量。

按照工程施工进度计划要求，编制出材料需求计划、构（配）件及制品、施工机具和工艺设备等物资的需要量计划。

根据各种物资的需要量计划，组织货源，确定加工、供应地点和供应方式，签订物资供应合同。按照施工总平面图要求，组织其进场，按规定地点和方式进行储存和堆放。

根据施工方案安排施工进度，确定施工机械的类型、数量和进场时间。编制工艺设备需要量计划，为组织运输、确定堆场面积提供依据。

5．资源配置计划

资源配置计划应根据施工总部署和施工总进度计划，确定劳动力、原材料、成品、生产工艺设备、周转材料、施工机械设备等配置计划。

必须根据工程特点、工程进度计划的安排和施工作业段的划分、工作量的大小合理配置劳动力资源。组织安装技术工人进行培训及观摩，特种作业人员经考核合格后方可持证上岗作业。

4.1.2　预制构件进场验收

预制构件现场组装时需要较高的精度，因此必须对所有预制构件进行严格的进场质量检查。预制构件进场前，应对构件生产单位设置的构件编号、构件标识进行验收。对专业企业生产的预制构件，进场时应检查质量证明文件或质量验收记录。预制构件进场时，预制构件结构性能检验应符合相关规定。

质量证明文件应包括以下内容：出厂产品合格证明书；混凝土强度检验报告及其他重要检验报告等；钢筋复验单；钢筋套筒灌浆等其他构件钢筋连接类型的工艺检验报告；合同要求的其他质量证明文件。

预制构件验收时，预制构件应有明显部位标明生产单位、构件型号和编号、制作日期和出厂质量验收标志。预制构件、连接材料、配件等应按国家相关标准的规定进行进场验收，预制构件的外观质量不应有严重缺陷，对已经出现的严重缺陷，应按技术处理方案进行处理，并重新检查验收。

施工前宜选择有代表性的单元或构件进行试安装，根据试安装结果及时调整完善施工方案。

装配式混凝土结构的连接节点及叠合构件浇筑混凝土之前，应进行隐蔽工程验收。

预制构件不应有影响结构性能和安装的几何尺寸偏差。对超过尺寸允许偏差且影响结构性能和安装、使用功能的部位，应按技术处理方案进行处理，并重新检查验收。

预制构件表面预贴饰面砖、石材等饰面与混凝土的黏结性能应符合设计和国家现行有关标准的规定。

预制构件的吊装预留吊点、受力预留埋件、预留钢筋的定位及规格应符合设计要求。

装配整体式结构中预制构件与后浇混凝土结合的界面称为结合面，具体可为粗糙面或键槽两种形式。有需要时，还应在键槽、粗糙面上配置抗剪或抗拉钢筋等，以确保结构的整体性。

预制构件一般尺寸偏差应符合表 3-7 的规定。

4.1.3　现场堆放

预制构件运送到施工现场后，若能满足直接吊装条件，应避免在现场堆放。堆放的原则和要点如下：

（1）施工现场应根据施工平面规划设置运输通道和存放场地。

（2）施工现场的堆放场地应坚实平整，并应有良好的排水措施，满足构件周转使用的要求。

（3）施工现场内道路应按照构件运输车辆的要求合理设置转弯半径及道路坡度。

（4）堆放场地应设置在吊车工作范围内，并有构件起吊、翻转的操作空间，卸放、吊运区域内不得有障碍物。

（5）预制构件运送到施工现场后，应按规格、品种、使用部位、吊装顺序分别设置存放场地。存放场地应设置在吊装设备的有效起重范围内，且应在堆垛之间设置通道。

（6）预制构件堆场地基承载力需根据构件重量进行承载力验算，满足要求后方能堆放。在软弱地基、地下室顶板等部位设置的堆场，必须有经过设计单位复核的支撑措施。

（7）应合理设置垫块支点位置，确保预制构件存放稳定，支点宜与起吊点位置一致。

（8）预制柱、梁等细长构件宜平放且用两条垫木支撑。

（9）对重心较高的竖向构件应设置专门的支承架，采用背靠法或插放法堆放，两侧设置不少于 2 道支撑使其稳定；对于超高、超宽、形状特殊的大型构件的堆码应设计针对性的支撑和加垫措施。

（10）重叠堆放构件时，每层构件的垫块应上下对齐，预制楼板叠放层数不宜大于 6 层，构件钢筋桁架面朝上，不得翻转放置，如图 4-1、图 4-2 所示，梁柱叠放层数不宜大于 2 层。

图 4-1　叠合楼板堆放示意　　　　　　图 4-2　预制构件堆放示意

（11）除吊运期间的司索工、信号工外，堆场内禁止其他人员停留。构件吊装区域有围栏封闭，并设置醒目的提示标语。

4.1.4　吊装准备工作

1. 起重机械和索具设备选择

（1）起重机械选型

起重机的选择应根据起重量、起重高度、工作半径及周边环境确定。塔式起重机是装配式混凝土建筑施工最常用的施工起重设备，塔式起重机的布置数量、布置位置以及型号，将直接影响到整个项目的工期以及预制构件的拆分设计。起重量计算时吊具重量包括挂钩、钢丝绳和钢扁担等。起重力矩一般控制在额定起重力矩的 75% 以下。预制构件起吊及落位整个过程是否超荷载，需进行塔式起重机起重能力验算，并绘制"塔式起重机起重能力验算图"。

汽车起重机进行的作业和行走道路的承载力、平整度及安全距离应符合要求。

塔式起重机布置尽可能覆盖全部施工场地，还要覆盖堆场、装卸和部分加工场地，且有利于今后塔吊臂的拆卸。塔式起重机的基础应按国家现行标准和使用说明书所规定的要求进行设计和施工。

塔式起重机、施工升降机等垂直运输设备附着支座应根据结构特点单独设计，并经设计单位认可。附着支座预埋件宜设置在现浇部位，若设计在预制构件内，则需在预制构件生产时预埋，不得在施工现场加装。在结构达到设计承载力并形成整体前，不得附着。

（2）塔式起重机防碰撞措施

塔式起重机在水平面方向存在交叉区域时，所有塔式起重机均满足现行《塔式起重机安全规程》GB 5144—2006 中的相关规定，避免群塔作业时碰撞事故发生。

塔式起重机布置应满足塔式起重机和架空线边线的最小安全距离要求。

当多台塔式起重机在同一施工现场交叉作业时，应编制专项施工方案并经过审批，应采取防碰撞措施。任意两台塔式起重机之间的最小架设距离应符合下列规定：

1）低位塔式起重机的起重臂端部与另一台塔式起重机的塔身之间的距离不得小于 2m；

2）高位塔式起重机的最低位置的部件（吊钩升至最高点或平衡重的最低部位）与低位塔式起重机中处于最高位置部件之间的垂直距离不得小于 2m。

遇有风速在 12m/s 及以上的大风或大雨、大雪、大雾等恶劣天气时，应停止作业。雨雪过后，应先经过试吊，确认制动器灵敏可靠后方可进行作业。

（3）吊装专用工具

应根据预制构件形状、尺寸及重量和作业半径等要求选择适宜的吊具和起重设备。安装施工前，应再次复核吊装设备的吊装能力、吊装机具和吊装环境，满足安全、高效的吊装要求。

吊索必须由整根钢丝绳制成，中间不得有接头。钢丝绳的选用需通过计算确定，通过吊钩起重吊装时，钢丝绳的安全系数不应小于 6。吊装用钢梁可根据构件的特点和吊装方法，自行设计及制造。

2. 预制构件吊装准备工作

预制构件吊装前，应做好以下准备工作：

（1）应在已施工完成结构及预制构件上进行测量放线，并应设置构件安装定位标志；

（2）复核构件装配位置、节点连接构造及临时支撑设置等；

（3）检查复核吊装设备及吊具处于安全操作状态；

（4）核实现场环境、天气、道路状况是否满足吊装施工要求；

（5）根据预制构件的单件重量、形状、安装高度、吊装现场条件来确定起重机械型号与配套吊具，起升工作半径应覆盖吊装区域；

（6）根据构件标号和吊装计划的吊装序号在构件上标出序号，并在图纸上标出序号位置，便于吊装作业。

4.2 预制构件吊装安装施工工艺

4.2.1 预制构件吊装作业要求

起重吊装作业前，必须编制吊装作业的专项施工方案，并应进行安全技术措施交底。作业中，未经技术负责人批准，不得随意更改。起重吊装作业前，应检查所使用的机械、滑轮、吊具和地锚等，必须符合安全要求。

预制构件应按照施工方案吊装顺序提前编号，吊装时严格按照编号顺序起吊。预制构件吊装就位并校准定位后，应及时设置临时支撑或采取临时固定措施，并在安放稳固后松开吊具。

吊装时要遵守"慢起、快升、缓降"原则，起吊、下落慢，中间快，吊运过程应平稳。吊装重、大预制构件和采用新的吊装工艺时，应先进行低位试吊，试吊合格后，方可正式起吊。应选择有代表性的拼装单元进行预制构件试安装，并应根据试安装结果及时调整与完善施工方案和施工工艺。

在吊装过程中，吊索与构件水平夹角不宜小于60°，且不应小于45°。预制构件起吊时的吊点合力宜与构件重心重合，可采用可调式横吊梁均衡起吊就位。预制构件吊装宜采用标准吊具，吊具可采用预埋吊环或内置式连接钢套筒的形式。吊车吊装时应观测吊装安全距离、吊车支腿处地基变化情况及吊具的受力情况。

吊装作业时，吊装区域设置警戒区，非作业人员严禁入内。吊装过程中，高空构件转动宜设置缆绳进行控制。起重臂和重物下方严禁站人，应待吊物降落至距作业面1m以内方准作业人员靠近，就位固定后方可脱钩。

4.2.2 标准层安装施工流程

在施工策划阶段需要针对标准层施工进度编制进度计划表和施工流程图，科学配置资源，合理布置现场，实现装配化施工，提升质量，保证安全，达到合理的经济技术指标的要求。

根据施工现场实际情况，编制标准层施工段施工进度计划，主要内容包括：

（1）定位放线、安装钢筋定位套板；

（2）水平构件模板支撑体系搭设；

（3）预制墙板（柱）、叠合梁、叠合板吊装（连接处接头灌浆）；

（4）墙板节点、梁柱节点支模，叠合板上放线；

（5）叠合板钢筋绑扎、线管预埋；

（6）混凝土后浇筑。

图4-3为某装配式整体式叠合剪力墙结构标准层施工流程图。

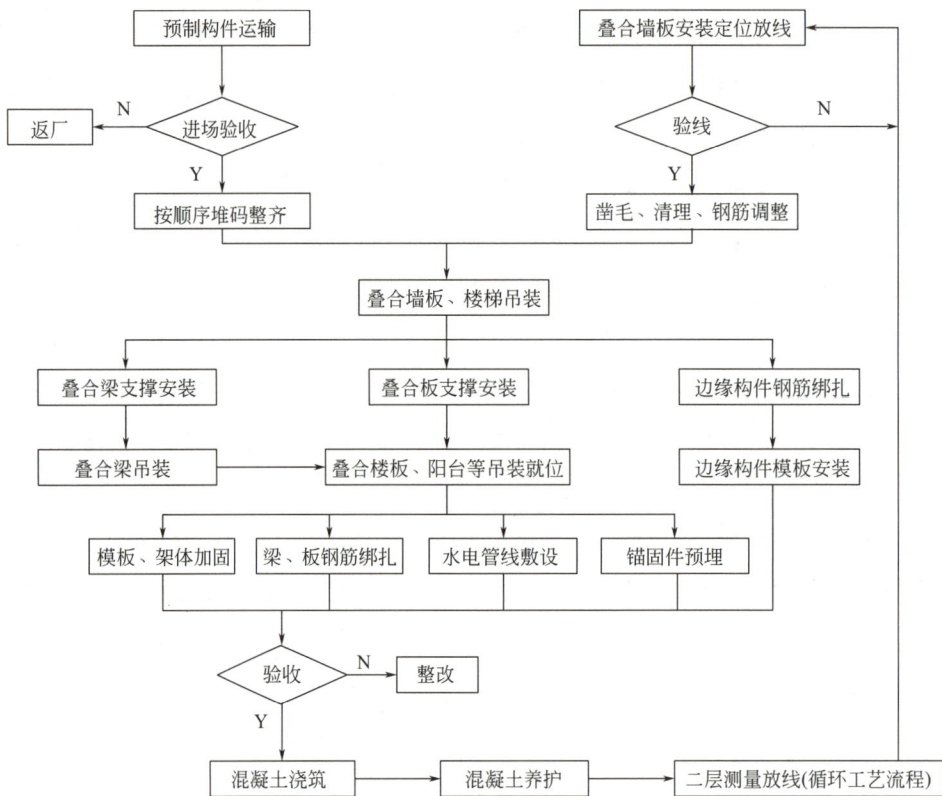

图4-3　某装配式整体式叠合剪力墙结构标准层施工流程图

4.3　预制构件调节及就位

装配式结构施工中预制构件在安装就位后，应采取措施进行临时固定、垂直度校正，所采用的固定、校正工具为斜支撑。

4.3.1 斜支撑的作用

1. 斜支撑的组成

竖向预制构件的临时斜支撑不宜少于 2 道。预制柱应在两个方向设置可调斜支撑作临时支撑。当墙板底没有水平约束时，墙板的每道临时支撑包括上部斜支撑和下部支撑，下部支撑可做成水平支撑或斜向支撑。斜支撑主要由撑杆、垂直度调整装置、锁定装置和预埋固定装置等组成，图 4-4 为剪力墙临时加固斜支撑图片。

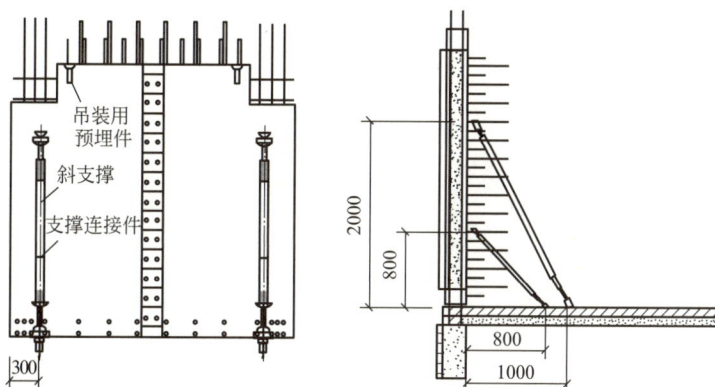

图 4-4　剪力墙临时加固斜支撑图片

2. 斜支撑作用

预制墙板（柱）等竖向构件吊装就位后，斜支撑不但可以临时固定预制构件，而且可以调整预制构件的垂直度，对施工质量、安全和效率产生重要影响。

4.3.2 斜支撑安装要求

1. 技术要求

（1）考虑到临时斜支撑主要承受的是水平荷载，为充分发挥其作用，对预制柱、墙板构件的上部斜支撑，其支撑点距离板底的距离不宜小于构件高度的 2/3，且不应小于构件高度的 1/2，斜支撑应与构件可靠连接。

（2）对于预制柱，由于其底部纵向钢筋可以起到水平约束作用，故一般仅设置上部斜支撑。柱子的斜支撑最少要设置 2 道，且要设置在两个相邻的侧面上，水平投影相互垂直。

（3）斜支撑与楼面的水平夹角应控制在 45°~60°，严禁出现斜支撑安装时角度过大或者过小，使得预制墙板受力不均匀。

（4）旋转斜支撑根据垂直度靠尺调整墙板垂直度，调整时应将固定在该墙板上的所有斜支撑同时同向旋转，严禁一根往外旋转、一根往内旋转。

（5）斜支撑与地面或楼面连接应可靠，不得出现连接松动引起竖向预制构件倾覆等。

（6）临时固定措施应具有足够的承载力、刚度和整体稳固性，应按现行国家标准《混凝土结构工程施工规范》GB 50666—2011 的有关规定进行验算。

2．个数要求

根据墙板的尺寸大小从而确定所需要布置斜支撑的个数，当墙板长度大于 4m 小于 6m 时需要使用 3 个斜支撑。一般小于 4m 的墙板固定时只需要 2 个斜支撑。

3．空间要求

为了保证楼栋中各个工种的合理穿插，施工通道畅通，需要对斜支撑的设置位置进行调整，以保证现场各个工种施工时有足够的作业面。

4.3.3　斜支撑拆除要求

为了保证施工通道的畅通，施工材料进出方便，在必要的时候可以适当拆除某些位置的斜支撑，但是必须满足以下要求：

（1）临时支撑应在结构形成稳定系统且后浇混凝土或灌浆料强度达到设计要求后方可拆除。当设计无具体要求时，混凝土或灌浆料应达到设计强度的 75% 以上方可拆除。

（2）所有需要拆除的斜支撑只能由吊装班组拆除，其他任何人员不得私自拆除。

（3）拆除的模板和支撑应分散堆放并及时清运，应采取措施避免施工集中堆载。

4.3.4　预制构件测量定位

装配式混凝土结构的定位测量与标高控制，关系到装配式混凝土建筑物定位、安装、标高的控制。依据测绘单位提供的控制点，引测、测量定位。

1．测量定位控制

（1）根据工程项目特点进行测量仪器准备，包括全站仪、水准仪、经纬仪等测量器具设备。

（2）平面控制应从整体考虑，遵循"先整体、后局部，高精度控制低精度"的原则。先确定"平面控制网"，后以控制网为依据，进行各细部轴线的定位放线。

（3）布设平面控制网根据设计总平面图、施工平面图和现场条件，定出施工场地的"十"字控制点（图4-5），并设控制桩。再由控制点定出控制轴线，经建设、设计、监理单位和有关部门复核无误后，将控制轴线点引测到不受施工干扰的适当位置。

（4）对现场的轴线控制点做好明显标记，并采取相应的保护措施。做好建筑物测量定位复核单，并由建设方、监理及设计单位复核及签章。

（5）利用激光经纬仪，采用天顶法或天底法进行垂直投测（图4-6），将控制点投测到各楼层，并逐次进行校正。

（6）在各角利用线锤引测出轴线，用墨线弹出轴线，与主控制线进行校核。

（7）预制装配式构件定位测量控制，平面控制采用网状控制法，施工方格控制网，垂直控制每楼层设置4个引测点。

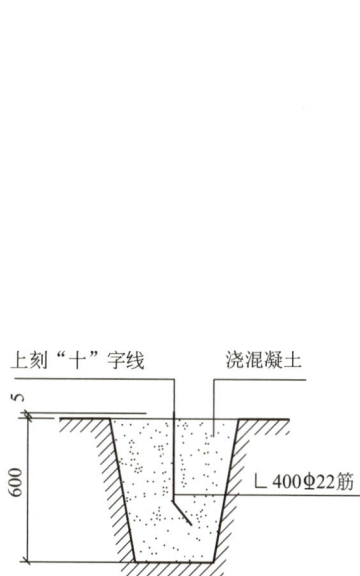

图4-5 控制点埋设示意

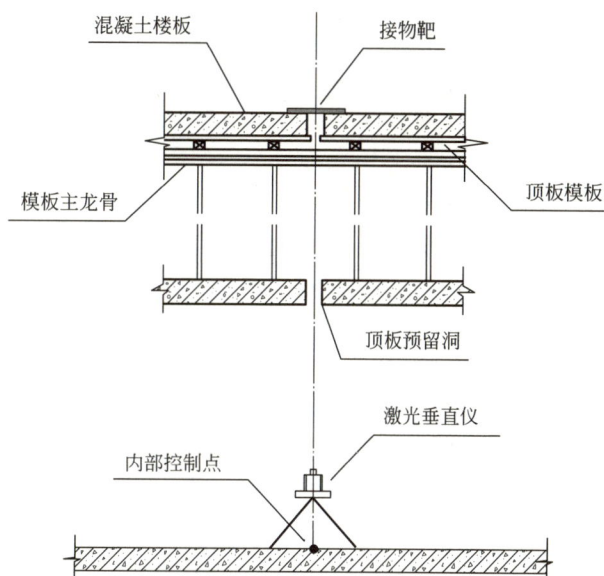

图4-6 控制点竖向传递示意

2. 预制构件测量定位注意事项

（1）吊装前，应在构件和相应的支承结构上设置中心线和标高，按设计要求校核预埋件及连接钢筋等的数量、位置、尺寸和标高，并做出标志。

（2）每层楼面轴线垂直控制点不宜少于4个，楼层上的控制线应由底层向上传递引测。

（3）每个楼层应设置1个高程引测控制点。

（4）预制构件安装位置线应由控制线引出，每件预制构件应设置纵、横控制线各2条。

（5）预制墙板安装前，应在墙板上的内侧弹出竖向与水平安装线，竖向与水平安装线应与楼层安装位置线相符合。采用饰面砖装饰时，相邻板与板之间的饰面砖缝应对齐。

（6）在水平和竖向构件上安装预制墙板时，标高控制宜采用放置垫块的方法或在构件上设置标高调节件，现场可根据需要采用不同厚度的硬塑垫块或钢板，垫块间距不宜小于 1.5m。

（7）预制墙板垂直度测量，宜在构件上设置用于垂直度测量的控制点。

（8）施工测量除应符合相关规范规定外，还应符合现行国家标准《工程测量标准》GB 50026—2020 的相关规定。

3. 测量放线

施工层放线时，应先在结构平面上校核投测轴线，闭合后再进行细部放线。

（1）建筑物宜采用"内控法"放线，在建筑物的基础层根据设置的轴线控制桩，用垂准仪和经纬仪进行以上各层的建筑物的控制轴线投测。单个单元楼栋放线孔的数量为 4 个。

（2）根据控制轴线依次放出建筑物的纵横轴线，依据各层控制轴线放出本层构件的细部位置线和构件控制线，在构件的细部位置线内标出编号。

（3）轴线放线偏差不得超过 2mm，放线遇有连续偏差时，应考虑从建筑物中间一条轴线向两侧调整。

（4）每栋建筑物设标准水准点 1~2 个，在首层墙、柱上确定控制水平线。

（5）每层引测必须从本建筑物上的永久高程基准点用钢卷尺进行引测，并做好标记，且做好层高复核。

（6）预制件在出厂前应在表面标注墙身线及 500mm 控制线，用水准仪控制每件预制件的水平。

（7）预制柱的就位以轴线和外轮廓线为控制线，对于边柱和角柱，应以外轮廓线控制为准。

（8）墙板以轴线和轮廓线为控制线，外墙应以轴线和外轮廓线双控制。

（9）在混凝土楼面浇筑时，应将墙身预制件位置现浇面的水平误差控制在 ±3mm 之内。

4.3.5 预制构件安装验收标准

1. 预制构件安装临时固定及支撑措施应有效可靠，符合相关技术标准及施工技术方案要求。

2. 预制构件采用预留钢筋锚固连接时，钢筋的品种、级别、规格、数量、间距、锚固长度及后浇筑混凝土强度、性能应符合设计要求。

3. 预制构件采用焊接连接时，接头质量应符合现行行业标准《钢筋焊接及验收规程》JGJ 18—2012 的要求。

4. 预制构件间采用螺栓连接时，螺栓的材质、规格、拧紧力矩应符合设计要求及《钢结构设计标准》GB 50017—2017 及《钢结构工程施工质量验收标准》GB 50205—2020 的要求。

5. 预制构件采用灌浆套筒连接时，接头抗拉强度及断后伸长率应符合现行行业标准《钢筋套筒灌浆连接应用技术规程》JGJ 355—2015 的要求。连接用套筒灌浆料强度、性能应符合现行国家标准、设计和灌浆工艺要求，灌浆应密实、饱满。

6. 采用机械连接时，接头质量应符合现行行业标准《钢筋机械连接技术规程》JGJ 107—2016 中 I 级接头的性能要求及国家现行有关标准的规定。

7. 预制构件的粗糙面或键槽成型质量应满足设计要求。

8. 预制墙板底部接缝灌浆、座浆强度应满足设计要求。

9. 吊装调节完毕后，须进行验收。预制构件安装过程中发现预留套筒与钢筋位置偏差较大等问题导致安装无法进行时，应立刻停止安装作业，将构件妥善放回原位，并及时报告监理、设计单位拿出书面处理方案。严禁现场擅自对预制构件进行改动。

10. 装配式结构施工后，预制构件位置、尺寸偏差及检验方法应符合设计要求。当设计无具体要求时，应符合表 4-1 的规定。预制构件与现浇结构连接部位的表面平整度应符合表 4-1 的规定。

预制构件安装位置和尺寸偏差及检验方法　　　　　　表 4-1

项目		允许偏差（mm）	检验方法
构件轴线位置	竖向构件（柱、墙板、桁架）	8	经纬仪及钢尺量测
	水平构件（梁、楼板）	5	
标高	梁、柱、墙板、楼板底面或顶面	±5	水准仪或拉线、钢尺量测
构件垂直度	板、墙板安装后的高度 ≤ 6m	5	经纬仪或吊线、钢尺量测
	> 6m	10	
构件倾斜度	梁、桁架	5	经纬仪或吊线、钢尺量测

项目			允许偏差（mm）	检验方法
相邻构件平整度	梁、楼板底面	外露	3	2m靠尺和塞尺量测
		不外露	5	
	柱、墙板	外露	5	
		不外露	8	
构件搁置长度	梁、板		±10	钢尺量测
支座、支垫中心位置	板、梁、柱、墙板、桁架		10	钢尺量测
墙板接缝宽度			±5	钢尺量测

4.4　装配整体式框架结构施工技术

全预制装配整体式框架结构预制构件吊装的总体顺序是：预制构件检验编号→预制构件进场、弹控制线→结构弹线→预制柱吊装到位→搭设临时固定支撑→搭设梁板支撑→吊装叠合梁→吊装叠合板→吊装预制楼梯、阳台及栏板等→水电布管及叠合层钢筋绑扎→模板安装→隐蔽验收→浇筑叠合层混凝土→柱底连接套筒灌浆→拆除支撑。

吊装宜采取整体推进式吊装顺序，在吊装预制梁的时候需要先吊装框架梁，随后吊装次梁；同级别的梁先吊装边梁，以确保框架结构的安全性。

装配式框架结构标准层施工安装主要流程如图4-7所示。

4.4.1　预制柱吊装施工

1. 预制柱安装施工工艺流程

预制柱安装施工工艺流程一般为：基层处理→定位测量放线→铺设浆料→预制柱吊装就位→定位校正和临时固定→钢筋套筒灌浆。

预制柱安装顺序应按吊装方案进行，如方案未明确要求宜按照角柱、边柱、中柱顺序进行安装，与现浇结构连接的柱先行吊装。

预制柱就位前应设置柱底抄平垫块，控制柱安装标高。预制柱的就位以轴线和外轮廓线为控制线，对于边柱和角柱，应以外轮廓线控制为准。

预制柱安装就位后应在两相邻方向设置可调斜支撑做临时固定，并应进行标高、垂直度、扭转调整和控制。采用灌浆套筒连接的预制柱调整就位后，柱脚连接部位应采用相关措施进行封堵。

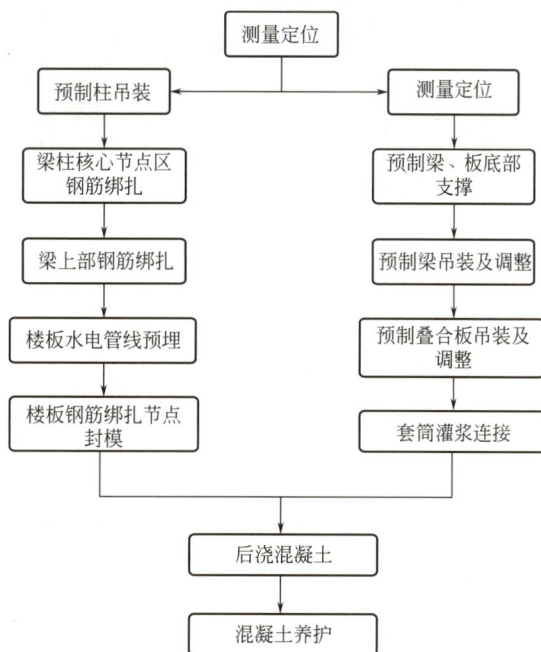

```
                    ┌──────────┐
                    │  测量定位  │
                    └────┬─────┘
          ┌──────────────┼──────────────┐
    ┌─────┴─────┐                  ┌─────┴─────┐
    │  预制柱吊装 │◄────────────────►│  测量定位  │
    └─────┬─────┘                  └─────┬─────┘
 ┌────────┴────────┐            ┌────────┴────────┐
 │   梁柱核心节点区   │            │  预制梁、板底部   │
 │    钢筋绑扎      │            │      支撑       │
 └────────┬────────┘            └────────┬────────┘
 ┌────────┴────────┐            ┌────────┴────────┐
 │   梁上部钢筋绑扎   │            │  预制梁吊装及调整  │
 └────────┬────────┘            └────────┬────────┘
 ┌────────┴────────┐            ┌────────┴────────┐
 │   楼板水电管线预埋  │            │  预制叠合板吊装及  │
 └────────┬────────┘            │      调整       │
 ┌────────┴────────┐            └────────┬────────┘
 │  楼板钢筋绑扎节点   │            ┌────────┴────────┐
 │      封模       │            │   套筒灌浆连接    │
 └────────┬────────┘            └────────┬────────┘
          └──────────────┬──────────────┘
                    ┌─────┴─────┐
                    │  后浇混凝土 │
                    └─────┬─────┘
                    ┌─────┴─────┐
                    │  混凝土养护 │
                    └───────────┘
```

图 4-7 装配式框架结构标准层施工安装主要流程

2. 楼层放线

每层楼面轴线垂直控制点不应少于 4 个，楼层上的控制线应由底层原始点直接向上传递引测。每个楼层应设置 1 个高程引测控制点。应准确弹出预制构件安装位置的外轮廓线。楼层弹线 3 道水平控制线为预制构件进出控制线、构件水平位置控制线、安装检测控制线。

3. 预留插筋定位复核

根据预制柱定位线，使用钢筋定位框检查预留钢筋位置是否准确。钢筋位置偏差不得大于 ±3mm，若预制柱有小距离的偏移需借助撬棍及扳手等工具进行调整。采用吹风机或者毛刷清理构件水平拼缝（灌浆缝）之间的杂质，保证灌浆的质量。

4. 垫片找平

吊装前在预制柱底按控制标高放置硬垫片（图 4-8），以利于预制柱的垂直度校正及标高控制。预制柱竖向钢筋采用钢筋套筒灌浆连接时，底部座浆层厚度宜为 20mm，宜采用连通腔灌浆法。预制柱底结构面应按设计要求进行粗糙面拉毛处理（图 4-9）。

图 4-8　柱底高程调整垫片

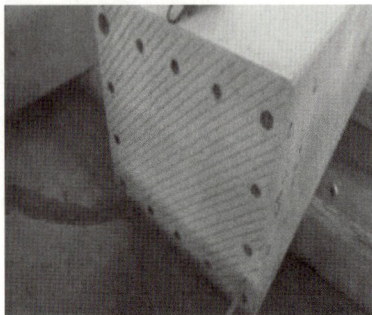

图 4-9　柱底拉毛处理

5. 预制柱吊装就位

预制柱安装顺序应按吊装方案进行，如方案未明确要求宜按照角柱、边柱、中柱顺序进行安装，与现浇结构连接的柱宜先行吊装。

预制柱初步就位时，应将预制柱钢筋与上层预制柱的引导筋初步试对，无问题后将钢筋插入引导筋套管内 200~300mm，以确保柱悬空时的稳定性，准备进行固定（图 4-10）。安装工人采用镜子观察底部钢筋与套筒对应情况。

6. 安装斜支撑

为防止发生预制柱倾斜等现象，预制柱安装就位后应在两相邻方向设置可调斜支撑做临时固定，预制柱斜支撑应不少于 2 根。

7. 定位校正和临时固定

校准构件安装位置后，通过斜支撑上调节螺丝的转动产生的推拉校正垂直方向，并对安装标高、垂直度、累计垂直度等进行校核与调整，将偏差控制在设计要求范围，然后固定（图 4-11）。对较高的预制柱，在安装其水平连系构件时，须采取对称安装方式。

图 4-10　预制柱吊装就位

图 4-11　预制柱临时固定

待预制件的水平、垂直等调节完成后方可摘钩，进行下一件预制件的吊装。

装配式建筑施工技术与管理

8. 预制柱密封砂浆封堵和套筒灌浆

灌浆前，构件与灌浆料接触的表面应清理干净，不得有油污、浮灰、木屑等杂物，且没有活动的混凝土碎块或石子等。采用连通腔灌浆方式时，除灌浆孔、出浆孔、排气孔外，灌浆施工前应对该柱底接缝处进行封堵，形成一个封闭的灌浆区域。封堵一定要严密，避免漏浆导致灌浆不密实。

竖向钢筋套筒灌浆连接采用连通腔灌浆时，宜采用一点灌浆的方式，灌浆时必须考虑排除空气。灌浆开始后，必须连续进行，不能间断，并尽可能缩短灌浆时间。灌浆过程需要监理旁站监督，逐个逐项检查，并由工程总包方资料员全程录像。

4.4.2　灌浆套筒连接及灌浆施工要求

钢筋套筒灌浆是整个预制装配式结构工程中的最为关键环节之一。灌浆的效果直接影响整体结构的安全性，应对灌浆的质量进行严格控制。灌浆操作全过程应有专职检验人员负责旁站监督，对每一个预制构件进行灌浆的质量控制并给出相关签收资料。

1. 施工准备

套筒灌浆连接施工应编制专项施工方案。灌浆施工人员必须经过灌浆操作培训，经考核合格后方可上岗作业。

钢筋套筒灌浆施工前，应对不同钢筋生产企业的进场钢筋进行接头工艺检验，经检验合格方可进行灌浆作业。

灌浆施工时，环境温度应符合灌浆料产品使用说明书要求。环境温度低于5℃时不宜施工，低于0℃时不得施工。当环境温度高于30℃时，应采取措施降低灌浆料拌合物温度。

对于首次施工，宜选择有代表性的单元或部位进行试制作、试安装、试灌浆。钢筋套筒灌浆前，应在现场模拟构件连接接头的灌浆方式，每种规格钢筋应制作不少于3个套筒灌浆连接接头，进行灌注质量以及接头抗拉强度的检验，经检验合格后，方可进行灌浆作业。

灌浆施工前，施工单位和监理单位应对灌浆准备工作、实施条件、应急措施等进行全面检查，检查合格后方可进行灌浆施工。

2. 拌制灌浆料

灌浆应使用灌浆专用设备，灌浆料应由经培训合格的专业人员严格按设计规定配比方法配比灌浆料。将配比好的水泥浆料搅拌均匀后倒入灌浆专用设备中（图4-12），保证灌浆料的塌落度。灌浆料拌合物应在制备后 30min 内用完。

严格按本批产品出厂检验报告要求的水料比分别称量灌浆料和水，先将 80% 的水倒入容器，开始进行搅拌，搅拌 3 ~ 4min 后再加入剩余拌合水继续搅拌，直至浆料均匀，静置 2 ~ 3min 使浆液排气，搅拌完成后，不得再次加水。

3. 灌浆封堵及保护

（1）采用钢筋套筒灌浆连接、钢筋浆锚搭接连接的预制构件就位前，应检查导通、预留孔的规格、位置、数量和深度。灌浆前应全面检查各接头的灌浆孔和出浆孔内有无影响浆料流动的杂物，确保孔路畅通。

（2）采用钢筋套筒灌浆连接时（图 4-13），灌浆作业应采取压浆法从下灌浆孔注入，应连续灌浆，直至上口流出时应及时封堵，持压 30s 后再封堵下口（图 4-14）。灌浆后 24h 内不得使构件和灌浆层受到振动和碰撞。

图 4-12　拌制灌浆料　　图 4-13　柱底钢筋套筒灌浆连接　　图 4-14　灌浆封堵

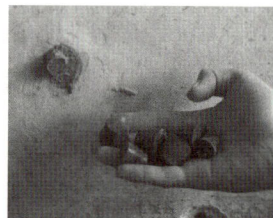

（3）同一仓只能在一个灌浆孔灌浆，不能同时选择两个以上孔灌浆。同一仓应连续灌浆，不得中途停顿。

（4）灌浆结束后应及时将灌浆孔及构件表面的浆液清理干净，并将灌浆孔表面抹压平整。灌浆作业应及时做好施工质量检查记录，留下影像资料，作为验收资料。

（5）灌浆施工后，灌浆料同条件养护试件抗压强度达到 35N/mm^2 后，方可进入对接头有扰动的施工。

4. 灌浆连接质量验收

灌浆施工过程中，施工单位和监理单位应对现场灌浆料拌合物制备、灌浆料拌合物流动度检验、灌浆料强度检验试件制作及灌浆施工进行全过程监督并记录。

钢筋采用套筒灌浆连接的验收应按现行规范《钢筋套筒灌浆连接应用技术规程》JGJ 355—2015、《钢筋套筒灌浆连接施工技术规程》T/CCIAT 004—2019、《建筑结构检测技术标准》GB/T 50344—2019 的有关规定执行。

装配式建筑施工技术与管理

4.4.3　预制梁、叠合板支撑架体设置

装配式结构混凝土模板及支撑的安装、拆除和允许偏差应满足现行规范《混凝土结构工程施工规范》GB 50666—2011 和《混凝土结构工程施工质量验收规范》GB 50204—2015 的相关规定和设计要求。

模板及支撑体系应编制施工专项方案，满足承载力、刚度和稳定性的要求。首层支撑架体的地基应平整坚实，宜采取硬化措施。

临时支撑的间距及其与墙、柱、梁边的净距应经设计计算确定，竖向连续支撑层数不宜少于 2 层且上下层支撑宜对准。在满足计算确定的条件下，支撑立杆的间距不大于 2m。

竖向支撑架宜与周边其他支撑架形成一体。预制阳台板、空调板等悬挑构件的支撑应设置斜支撑等构造措施，并与结构墙体有可靠的刚性拉结。

桁架预制板支撑架体的高宽比不宜大于 3。当高宽比大于 3 时，应采取加强整体稳固性的措施。支撑架体的轴向压缩变形或侧向挠度，不应大于计算高度或计算跨度的 1/1000。

桁架预制板边缘应增设竖向支撑杆件。对泵管、布料机部位的桁架预制板底部应进行支撑加固。

支撑架体顶部的支托梁宜垂直于钢筋桁架方向设置。接缝处桁架预制板临时支撑架体顶部的支托梁宜垂直于接缝且应在接缝处连续设置。支撑架体搭设完成后应对支撑架体标高进行校核。

叠合板浇筑的混凝土达到设计强度后，方可拆除叠合板支撑体系。

4.4.4　预制叠合梁安装施工

1. 叠合梁吊装施工流程

预制混凝土叠合梁施工流程如下：测量放线→支撑架体搭设并调节→预制叠合梁起吊→预制叠合梁就位→安装侧模板、底模及支架→绑扎叠合层钢筋、铺设管线、预埋件→浇筑叠合层混凝土→拆除模板。图 4-15 为某工程预制梁吊装施工流程图。

现场施工时，应将相邻的叠合梁与叠合楼板协同安装，两者的叠合层混凝土同时浇筑，以保证整体性能。

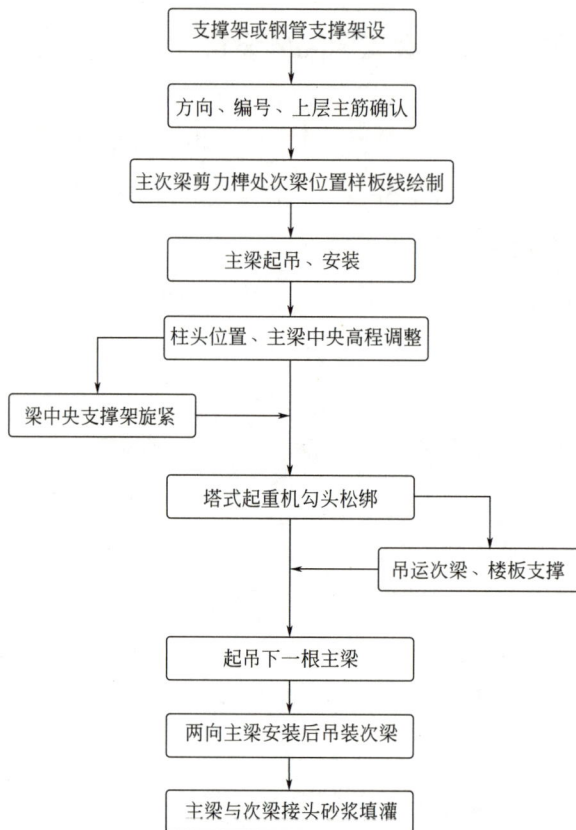

图 4-15　某工程预制梁吊装施工流程图

2. 施工准备

（1）叠合梁底支撑件数量应按设计要求进行确定。

（2）检查支撑系统是否搭设完毕，顶部高程是否正确。

（3）对大梁钢筋、小梁接合键槽位置、方向、编号进行检查。

（4）叠合梁底标高线、控制边线应在墙面或架体上进行标识。

（5）预制梁搁置处标高不能达到要求时，应在柱头采用软性垫片等予以调整。

（6）按设计要求起吊，起吊前应事先准备好相关吊具。

（7）安装前，应复核柱钢筋与梁钢筋位置、尺寸，对柱钢筋与梁钢筋位置有冲突的，应按经设计单位确认的技术方案调整。

3. 吊装施工要点

（1）主次梁方向、编号、叠合层主筋确认：梁进场检查项目包括构件严重缺损或缺角、箍筋外保护层与梁箍筋垂直度、主次梁剪力榫位置偏差、穿梁开孔等。吊装前需对主梁钢筋、次梁接合剪力榫位置、方向、编号进行检查（图 4-16）。

　　　　　　　　　　　　　　　　　　　装配式建筑施工技术与管理

（2）主次梁剪力榫处次梁位置样板线绘制：主梁吊装前，需表示出次梁安装基准线，作为次梁吊装定位的依据。

（3）主梁起吊安装：柱头高程误差超过允许值，若柱头高程太低，则于吊装主梁前应于柱头置放铁片调整高差。若柱头高程太高则于吊装主梁前须先将柱头修正至设计标高。

（4）支撑标高和梁底标高一致：预制梁安装前，应测量并修正柱顶和临时支撑标高，确保与梁底标高一致，并在柱上弹出梁边控制线，根据控制线对梁端、两侧、梁轴线进行精密调整，误差控制在 2mm 以内。

图 4-16　预制梁检查

（5）柱顶位置、梁中部标高调节：吊装后需派一组人调整支撑架架顶高程，使柱头位置、梁中标高一致及水平。

（6）主梁中部预留缺口检查：主梁吊装结束后，要检查主梁上的次梁缺口位置是否正确，如不正确，需做相应处理后方可吊装次梁，梁在吊装过程中要按柱对称吊装。

（7）两向主梁安装后吊装次梁：次梁吊装须待两向主梁吊装完成后才能吊装，吊装前须检查好主梁吊装顺序，确保主梁上下部钢筋位置可以交错而不会吊错重吊，然后安装次梁。主次梁吊装完成后，连接节点螺栓连接，缝隙处灌高强混凝土。

4.4.5　预制叠合板吊运安装施工

1. 安装工艺流程

预制叠合板的安装工艺流程如下：测量放线→支撑体系搭设→支撑架体调节→叠合板吊运及就位→叠合板安装及校正→梁钢筋绑扎→预埋管线埋设→叠合板面层钢筋绑扎及验收→叠合板间拼缝处理→叠合板节点及面层混凝土浇筑→叠合板支撑体系拆除。

2. 安装施工要点控制

（1）预制叠合板安装应控制水平标高，可采用找平软座浆或粘贴软性垫片进行安装。叠合板安装时，应按设计图纸要求根据水电预埋管（孔）位置进行安装。

（2）叠合板的安装顺序应按安装顺序图进行。桁架预制板两端应支承于支座构件或临时支撑上。

（3）叠合板起吊时，吊点不应少于 4 个，无预埋吊环时吊点位于叠合板钢筋桁架上弦与腹筋交接处，距离板端为整个板长的 1/5~1/4。吊点应均衡受力，避免单点受力过大，保证构件平稳吊装。

（4）对于跨度超过 6m 的叠合板，应采用 8 个吊点平衡受力。叠合板支撑体系工字梁设置方向必须垂直于叠合板钢筋桁架方向。

（5）就位时叠合板要从上垂直向下安装，在作业层上空 200mm 处略作停顿，施工人员手扶叠合板调整板位置，使板锚固筋与梁箍筋错开，根据板边线和板端控制线，准确就位（图 4-17）。

图 4-17 叠合板吊装

（6）调整板位置时，要用小木块，不要直接使用撬棍以避免损坏板边角，要保证搁置长度，其允许偏差值不大于 5mm。

（7）叠合板安装完后进行标高校核，调节板下的可调支撑。

（8）叠合板面施工荷载应符合设计要求，避免单个构件承受较大集中荷载，未经设计允许不得对叠合板进行切割、开洞。

（9）应对相邻叠合板平整度、高差、接缝尺寸进行校核与调整。

4.4.6 预制楼梯吊运安装施工

1. 预制楼梯的现场安装工艺流程

定位放线→楼梯上下口铺 20mm 砂浆找平层→控制线复核→预制楼梯板起吊→楼梯板就位→校正→灌浆→验收。

2. 施工要点的控制

（1）检查吊具：起吊前检查吊具，确保其保持正常工作性能。吊具螺栓出现裂纹、部分螺纹损坏时，应立即进行更换，同时保证施工三层更换一次吊具螺栓，确保吊装安全。

（2）预制楼梯连接方式：滑动式楼梯上部和主体结构连接方式多采用固定式连

接，下部与主体结构连接方式多采用滑动式连接。施工时应先固定上部固定端，后固定下部滑动端。

（3）弹出楼梯安装控制线：对控制线及标高进行复核，控制安装标高。楼梯侧面距结构墙体预留 30mm 空隙，为聚苯填充、安装 PE 棒、注胶 50mm×30mm 预留空间。

（4）起吊：预制楼梯梯段采用水平吊装构件吊装前必须进行试吊，先吊起距地 500mm 停止，检查钢丝绳、吊钩的受力情况，使楼梯保持水平，然后吊至作业层上空。吊装时，使踏步平面呈水平状态，便于就位（图 4-18）。

（5）楼梯就位：预制楼梯安装层配置 1 名信号工和 4 名吊装工，塔式起重机司机在信号工的指挥下将预制楼梯缓缓下落，预制楼梯就位前，应清理预制楼梯安装部位基层，将预制楼梯吊运至安装部位的正上方，并核对预制楼梯的编号。施工人员手扶楼梯板调整方向，将楼梯板的边线与梯梁上的安放位置线对准，放下时要停稳慢放，严禁快速猛放，以避免冲击力过大造成板面震折裂缝。

（6）楼梯段与平台板连接部位施工：楼梯段校正完毕后，将梯段上口预埋件与平台预埋件用连接角钢进行焊接，焊接完毕接缝部位采用灌浆料进行灌浆。

（7）保护措施：预制楼梯饰面应采用铺设木板或其他覆盖形式的成品保护措施。楼梯安装后，踏步口宜铺设木条或其他覆盖形式保护（图 4-19）。

图 4-18　预制楼梯吊装　　　　　　图 4-19　预制楼梯保护

4.4.7　后浇混凝土施工

叠合层钢筋混凝土的施工流程是：预制叠合梁、板吊装安装→水电管线的铺设→板面钢筋绑扎→现浇层混凝土的浇筑。

1. 叠合梁、板钢筋安装及管线预埋

（1）叠合梁面层钢筋绑扎

在叠合梁就位前检查是否有预埋套管，有预埋套管的应注意正反面。叠合梁面层钢筋绑扎时，应根据叠合梁上方钢筋间距控制线进行钢筋绑扎，保证钢筋搭接和间距符合设计要求。

梁板模板及支模架验收通过后，开始梁钢筋绑扎，优先施工预制构件上部的梁钢筋。叠合梁节点及面层钢筋绑扎后，应进行验收。

（2）叠合板面层钢筋绑扎

1）楼板安装调平后，即可进行附加钢筋及楼板下层横向钢筋的绑扎安装。

2）预制构件叠合层钢筋绑扎前清理干净叠合板上的杂物，根据钢筋间距弹线绑扎，应保证钢筋搭接和间距符合设计要求。

3）叠合板面层钢筋绑扎时，应根据楼板上层钢筋间距控制线绑扎。

4）叠合板节点处及面层钢筋绑扎后，须进行验收。

（3）管线预埋

设备和管线施工前，应按设计文件核对设备及管线参数，并应对结构构件预埋套管及预留孔洞的尺寸、位置进行复核，合格后方可施工。室内架空地板内排水管支架及管座的安装应按排水坡度要求排列。

水电管线预埋务必保证不能超过叠合层的厚度。最多只能两根线管叠合在一起，必须按照设计图纸布好管线走向。

预埋管线与叠合板面筋应绑扎固定，预埋管线埋设应符合设计和规范要求。

2. 模板支设

装配式混凝土结构后浇混凝土部分宜采用工具式支架和定型模板，模板应保证后浇混凝土部分的形状、尺寸，安装模板时应进行测量放线，并采取保证模板位置准确的定位措施。

模板安装前与混凝土接触面应清理干净并涂刷脱模剂。模板安装应牢固，模板与预制构件接缝处应采取防止漏浆的措施，可粘贴密封条。

3. 混凝土浇筑

装配式结构的后浇混凝土部位在浇筑前应进行隐蔽工程验收。混凝土施工时，模板、叠合板上的混凝土和施工荷载应均匀布设，严禁超载。

装配式结构的后浇混凝土节点应根据施工方案要求的顺序施工。后浇混凝土节点区混凝土施工时，连接节点、水平拼缝应连续浇筑。装配式结构连接部位后浇混凝土达到设计规定的强度时方可进行支撑拆除。

　　·　　·　　装配式建筑施工技术与管理

叠合层混凝土浇筑时，宜采取由中间向两边的方式。预制构件结合面粗糙面质量应符合设计要求，疏松部分的混凝土应剔除并清理干净。叠合层混凝土施工时管线连接处应采取可靠的密封措施。

预制柱节点区及叠合楼板，当采用自密实混凝土时，应符合现行行业标准《自密实混凝土应用技术规程》JGJ/T 283—2012 的有关规定。

预制梁柱混凝土强度等级不同时，预制梁柱节点区混凝土强度等级应符合现行国家标准《混凝土结构工程施工规范》GB 50666—2011 规定和设计要求。

预制构件接缝混凝土浇筑和振捣应采取措施防止模板、相连接构件、钢筋、预埋件及其定位件移位。连接节点处后浇混凝土同条件养护试块应达到设计规定的强度方可拆除支撑或进行上部结构安装。

4. 叠合梁节点连接

采用叠合梁时，在施工条件允许的情况下，宜采用整体封闭箍筋。当采用整体封闭箍筋无法安装上部纵筋时，可采用组合封闭箍筋，即开口箍筋加箍筋帽的形式。

叠合梁可采用对接连接，连接处应设置后浇段，后浇段的长度应满足梁下部纵向钢筋连接作业的空间要求。梁下部纵向钢筋在后浇段内宜采用机械连接、套筒灌浆连接或焊接连接。后浇段内的箍筋应加密。

叠合主梁作为叠合次梁的支座。主梁与次梁采用后浇段连接时，应满足现行规范搭接长度和锚固长度规定。

5. 叠合梁与柱节点连接

（1）叠合梁与柱端部节点

预制柱作为叠合梁的支座，叠合梁搁置在预制柱上，叠合梁下部纵向受力钢筋在预制柱端节点处的锚固形式、锚固长度、搁置长度均应符合设计规范要求（图4-20a）。

（2）叠合梁与柱中间节点

预制柱作为叠合梁的支座，搁置长度应符合设计规范要求。节点两侧的梁下部纵向受力钢筋宜锚固在后浇节点区域内，叠合梁纵向受力底筋在中间节点应满足设计要求的连接形式。面筋采用贯通钢筋连接柱两端的叠合梁面层，应满足锚固形式与锚固长度要求（图4-20b）。

（3）叠合梁与柱顶层节点

叠合梁下部纵向受力钢筋应锚固在后浇节点区内，且宜采用锚固板的锚固方式。梁、柱其他纵向受力钢筋的锚固形式和锚固长度应符合设计规范要求。

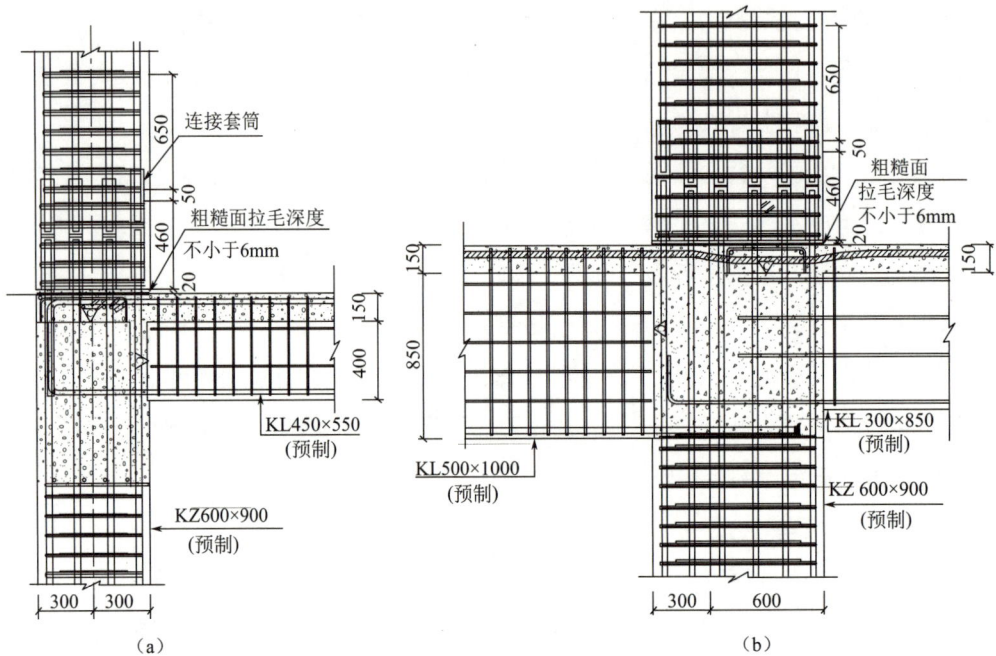

图 4-20 某预制叠合梁与预制柱节点

（a）中间层端节点；（b）中间层中节点

6. 叠合板节点连接

（1）叠合板与叠合梁连接

由于梁箍筋的影响，桁架预制板难以直接支承在支座上，需要在板端设置临时支撑。板端支座处，预制板纵向受力钢筋从板端伸出并锚入叠合梁内，锚固长度均应符合设计规范要求。

桁架预制板纵向钢筋不伸入支座时搭接长度和锚固长度应符合设计要求。后浇混凝土叠合层厚度不应小于桁架预制板厚度的 1.3 倍，且不应小于 75mm。

（2）叠合板与叠合板连接

叠合板与叠合板的连接形式应根据设计确定。当采用后浇带式整体接缝连接时，后浇带宽度不宜小于 200mm，应根据设计要求搭接或焊接节点钢筋。现浇节点可采用吊模作为底模板。

当采用密拼式分离接缝连接时，后浇混凝土叠合层厚度不宜小于桁架预制板厚度的 1.3 倍，且不应小于 75mm。

当采用密拼式整体接缝连接时，接缝处紧贴桁架预制板顶面宜设置垂直于接缝的附加钢筋，附加钢筋伸入两侧后浇混凝土叠合板的锚固长度不应小于附加钢筋直径的 15 倍。

当采用密拼节点时，应根据设计要求设置板缝防裂缝措施，并在浇筑混凝土之前设置防漏浆措施。

4.5 装配整体式剪力墙结构施工技术

装配整体式剪力墙结构施工流程是：进场检查→现场堆放→吊装准备→竖向构件吊装（预制内外墙板）→套筒灌浆→水平构件吊装（梁、叠合板）→现浇部分钢筋绑扎、模板安装→混凝土浇筑。

在前期施工策划阶段需要针对标准层施工制作进度计划表和标准层施工工艺流程图。流程图内容包括各分项施工内容以及工期等。

装配整体式剪力墙结构标准层施工工艺流程一般为：浇筑混凝土→放线抄平→预制外墙板吊装→预制内墙板吊装→套筒灌浆→绑扎墙身钢筋及封板→提升安装外防护架→搭设楼板支架及吊装楼面板→安装机电管线→绑扎楼面钢筋→浇筑混凝土。

4.5.1 预制构件进场检查

预制构件进场前，应检查构件出厂质量合格证明文件或质量检查记录，所有检查记录和检验合格单必须签字齐全、日期准确。预制构件的外观质量不应有严重缺陷。预制构件用钢筋连接套筒应有质量证明文件和抗拉强度检验报告，并应符合《钢筋套筒灌浆连接应用技术规程》JGJ 355—2015 相关规定。

首批进场构件（预制剪力墙、预制梁、预制叠合板、预制楼梯）必须进行一般项目的全数检查。后续进场构件每批进场数量不超过 100 件为一批，每批应随机抽查构件数量的 5%，且不应少于 3 件。

预制剪力墙构件套筒灌浆孔是否畅通必须进行全数检查。

预制构件检验的一般项目包括：长（高）、宽、厚、对角线差、表面平整度、侧向弯曲、翘曲、预埋件定位尺寸、预留洞口位置、结构安装用套筒、螺栓、预埋内螺母、主筋外留长度、主筋保护层厚度、灌浆孔畅通等。

4.5.2 预制构件吊装准备工作

装配式剪力墙结构的吊装前准备工作包括：预制构件弹线、工作面测量放线、预制剪力墙构件螺栓（垫片）水平调整、吊具检查、预埋件位置以及钢筋位置确认等。

1. 预制构件弹线

首先，在预制剪力墙构件上弹出建筑标高 1000mm 控制线以及预制构件的中心线，预制剪力墙构件弹线示意图如图 4-21 所示，以便吊装时对构件的调整。

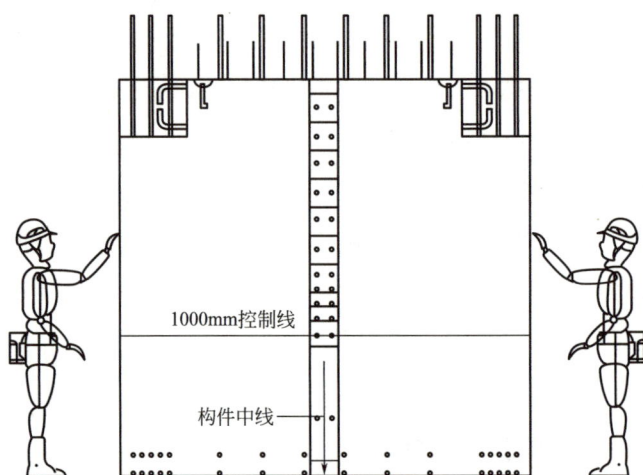

图 4-21　预制剪力墙构件弹线示意图

2. 工作面测量放线

建筑物宜采用"内控法"放线。依据施工图放出轴线以及剪力墙构件外边线，轴线放线偏差不得超过 2mm，放线遇有连续偏差时，应考虑从建筑物中间一条轴线向两侧调整。

3. 预制剪力墙构件螺栓（垫片）水平调整

预制剪力墙板下部 20mm 的灌浆缝可以使用预埋螺栓或者垫片来实现，吊装预制件前，在所有构件框架线内取构件总长度 1 / 4 的两点铁垫片作为找平位置，垫起总厚度为 20mm，垫片厚度应有 10 mm、5 mm、2 mm 共 3 种类型，根据不同垫片数量调节预制构件找平高度（图 4-22）。

4. 吊具检查

每次预制构件前，都要对包括钢丝绳、吊环、钢梁等吊具进行检查。检查钢丝绳是否有磨损、吊环安全装置是否锁死等。

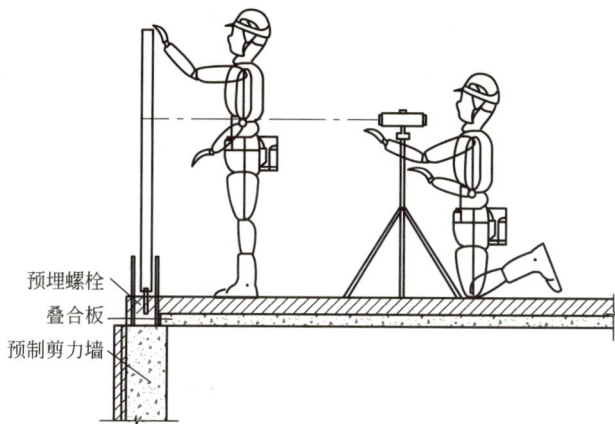

图 4-22　预制剪力墙构件螺栓（垫片）水平调整示意

5. 预埋件位置以及钢筋位置确认

根据预制墙板定位线，使用钢筋定位框检查预留钢筋位置是否准确，偏位的及时调整。

4.5.3　预制剪力墙构件组装

准备工作做好以后，就可以进入到预制剪力墙构件吊装部分，包含预制剪力墙构件吊装和复测。

1. 预制剪力墙构件吊装

剪力墙吊装按照以下步骤进行：挂钩；起吊；组装、临时固定；调整、摘钩。

（1）挂钩：做好安装前准备工作，对基层插筋部位按图纸依次校正，同时将基层垃圾清理干净，松开吊架上用于稳固构件的侧向支撑木楔，做好起吊准备。

（2）起吊：预制外墙板吊装时将吊扣与吊钉进行连接，再将吊链与吊梁连接，要求吊链与吊梁接近垂直。PCF 板通过角码连接，角码固定于预埋在相邻剪力墙及PCF 板内螺丝。开始起吊时应缓慢进行，待构件完全脱离支架后可匀速提升，预制剪力墙就位时，人工扶正预埋竖向外露钢筋，与预制剪力墙预留孔洞一一对应插入。预制墙体安装时应以先外后内的顺序，相邻剪力墙体连续安装，PCF 板待外剪力墙体吊装完成及调节对位后开始吊装。

（3）组装、临时固定：为防止发生预制剪力墙倾斜等，预制剪力墙就位后，应及时采用可调节斜支撑螺杆将墙板进行加固。每一个剪力墙构件需要 2 长 2 短共计 4 个斜支撑（图 4-23）。斜支撑螺杆长度根据预制构件预埋件图纸确定。临时支撑待本层混凝土浇筑完成 24h 后即可拆除。

（4）调整、摘钩：构件就位后，需要进行测量确认，测量指标主要有高度、位置、倾斜。调整顺序按高度、位置、倾斜来进行。通过调整斜支撑和底部的固定角码对预制剪力墙各墙面进行垂直平整检测并校正，直到预制剪力墙达到设计要求，然后固定。

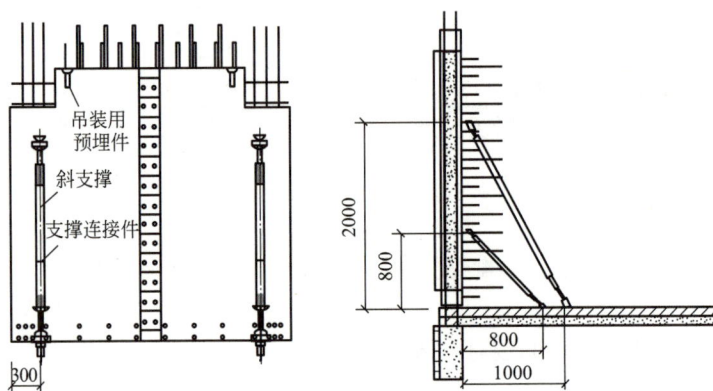

图 4-23　剪力墙构件临时加固示意

2. 复测

预制剪力墙构件安装完毕后应当实测墙体之间间距，记录在平面布置图上，通过该方法可以掌握每层预制构件的安装误差，以便为后期调整误差提供数据支持。

4.5.4　预制墙板分仓与灌浆封堵

分仓和接缝灌浆封堵是装配式混凝土建筑灌浆作业的重要环节，若分仓不合理、接缝封堵不密实，就会导致灌浆不饱满，形成非常严重的质量隐患。

钢筋套筒灌浆连接接头、钢筋浆锚搭接连接接头灌浆前，应对接缝周围进行封堵，封堵措施应符合结合面承载力设计要求。

当预制构件长度过长时，不利于控制灌浆层的施工质量，根据施工图要求，可将预制剪力墙灌浆层分成若干段。采用电动灌浆泵灌浆时，一般单仓长度宜在 1.0~1.5m，采用手动灌浆枪灌浆时，单仓长度不宜超过 0.3m。分仓隔墙宽度不小于 20mm，为防止遮挡套筒口，距离连接钢筋外缘应不小于 40mm（图 4-24）。

分仓时两侧须内衬模板（通常为便于抽出的 PVC 管），将拌好的封堵料填塞充满模板，保证与上下构件表面结合密实，然后抽出内衬。

灌浆施工工艺流程是：界面清理→灌浆料制备→灌浆料检测→灌注浆料→出浆口封堵。

对构件接缝的外沿应进行封堵（图 4-25）。根据构件特性可选择专用封缝料封堵、密封条或两者结合封堵。封堵一定保证严密、牢固可靠，否则压力灌浆时一旦漏浆处理很难。

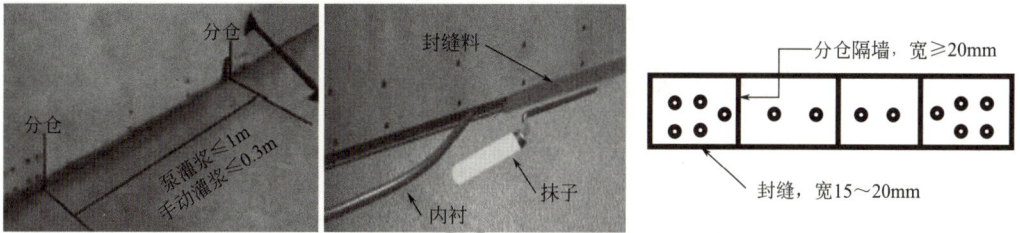

图 4-24　分仓接缝封堵

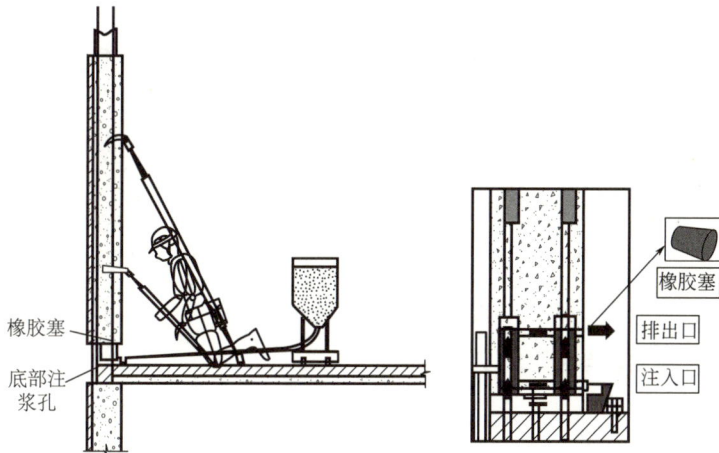

图 4-25　灌浆操作示意

4.5.5　转换层连接钢筋定位

在现浇与预制装配层转换的楼层，即预制装配层的下一层施工的结构层。该楼层施工时涉及钢筋定位的工序。现浇结构预留钢筋定位的准确性直接影响装配式混凝土建筑施工的安装精度和施工质量。

首层连接钢筋的定位施工流程是：钢筋加工→确定墙体位置→上下层构件连接钢筋定位并划线→钢筋绑扎→钢筋骨架验收→墙体（柱）模板安装→模板支模及钢筋绑扎→墙体（柱）连接钢筋位置及间距检查→现浇混凝土施工→复查墙体（柱）连接钢筋位置及间距→首层预制墙体（柱）吊装作业。

转换层钢筋的加工应按照高精度要求进行作业。转换层连接钢筋应做到定位准确、长度要满足要求。

转换层进行钢筋定位采用定位钢板的方式，定位钢板与预制墙体（柱）等长、等宽，按照首层预制墙体（柱）底面套筒位置和直径在钢板上开孔，其加工精度应符合要求。

钢筋定位和加固完成后，组织施工人员对定位钢筋平面位置和钢筋顶标高进行复核，全数复核通过后，方可进行现浇混凝土作业。

4.5.6　预制剪力墙后浇混凝土施工

预制剪力墙后浇节点主要有"一"形、"L"形、"T"形几种形式。装配整体式剪力墙结构墙板之间后浇节点处是把握好施工质量的关键点。施工中需要重点控制预制墙板之间接缝处理、墙板间后浇节点钢筋施工及模板的支设。

1. 钢筋布置

节点处钢筋施工工艺流程是安放封闭箍筋→连接竖向受力筋→安放开口筋、拉筋→调整箍筋位置→绑扎箍筋。

预制墙体间后浇节点钢筋施工时，可在预制板上标记出封闭箍筋的位置，预先把箍筋交叉就位放置。先对预留竖向连接钢筋位置进行校正，然后连接上部竖向钢筋。

预制填充墙连接节点处凿毛且留置结构键槽。边缘构件现浇区域甩出箍筋采用开口和闭口两种形式，分别满足长度为 $\geq 0.6 l_{aE}$ 和 $\geq 0.8 l_{aE}$。l_{aE} 是抗震锚固长度。

2. 后浇混凝土节点模板施工

预制墙板间后浇节点宜采用工具式定型模板，模板应通过螺栓或预留孔洞拉结的方式与预制构件可靠连接。模板安装时应避免遮挡预制墙板下部灌浆预留孔洞，夹心墙板的外叶板应采用螺栓拉结或夹板等加强固定。

墙板接缝部分与定型模板接缝处均应采用可靠的密封、防漏浆措施。

3. 后浇混凝土浇筑

连接节点、水平拼缝应连续浇筑，边缘构件、竖向拼缝应逐层浇筑，采取可靠措施确保混凝土浇筑密实。

预制构件接缝处混凝土浇筑时，应确保混凝土浇筑密实。

4.5.7　预制梁、预制叠合板、楼梯构件吊装施工

预制梁、叠合板构件吊装前需要安装预制梁、叠合板底部支撑，根据工程实际情况选用模板支撑架体系。

预制梁、叠合板构件吊装施工流程与装配整体式框架结构类似，不再阐述。

4.6 装配式混凝土建筑 BIM 技术应用

基于 BIM 技术的装配式混凝土建筑的设计、生产、运输和安装、运维的全过程信息化管理，通过项目设计构件化、构件信息化、建设过程信息化，可以实现所有相关方共享信息资源，对提高工程建设各阶段及各专业之间协同配合的效率，以及设计与生产、施工一体化管理具有重要作用。

4.6.1 BIM 项目准备

装配式混凝土建筑 BIM 项目技术实施前宜进行相关准备工作，保证后续工作的规范和顺利进行。一般 BIM 项目在实施前应进行项目实施标准的建立和构件库的收集和整理。

装配式混凝土建筑的 BIM 技术实施单位应建立 BIM 协同平台，协同平台的建设应符合实施单位实际情况。

确定 BIM 技术在项目计划、设计、施工、运营各阶段的应用价值。通过各专业协同提高设计质量，在设计阶段进行碰撞检查和在深化设计阶段进行施工模拟，提高施工效率。

项目前期应充分利用 BIM 技术进行全周期构件应用和实施规划。工程项目中的协同工作，按照设计、施工规范应制定明确的指导原则，以保证项目顺利进行。

BIM 项目协调人应明确设计、施工人员在整个项目执行期间各自的 BIM 技术应用，并明确规定所有模型图元的负责人。

构件选型、设计制作和现场安装应事先确定标准化流程，围绕 BIM 模型展开工作。装配式混凝土建筑构件细度应与 BIM 模型细度等级相对应，且宜具有可扩展性。根据项目 BIM 技术应用目标确定构件需要包含的信息，建筑信息模型细度应遵循"适度"原则，模型信息需要轻量化，避免过度建模。

利用 BIM 模型的参数化设计优势，制作前应按照统一模数进行部品构件的拆分、精简构件类型，提高装配水平。

4.6.2 BIM 项目实施策划

1. 策划内容

BIM 项目实施应编制项目实施总体策划，通过策划完善 BIM 项目管理体系，规范 BIM 项目执行流程以及建立相关 BIM 技术应用的特殊要求等。完整的实施策划书能够确立项目实施的框架，完善组织架构，对项目实施隐患进行规避。实施策划书经建设方批准后转化为"工程项目 BIM 技术实施计划"，并附有补充性的"工程项目 BIM 工作执行计划指导说明"，用来确保不同项目之间均能符合一致性原则。

项目实施策划书应至少包含以下内容：

（1）BIM 项目实施计划：即制定实施计划的原因及目标。应根据合同所约定的 BIM 项目内容，制定 BIM 技术实施计划作为项目参与方 BIM 技术实施工作的指导性文件和依据。

（2）BIM 项目应用目标：应考虑项目特点、团队能力、技术风险等因素确保 BIM 项目应用的有效实施；明确各阶段的工作主体对 BIM 项目的需求；BIM 技术应用价值、项目组制定的项目对 BIM 技术应用的特殊要求等。

（3）BIM 项目管理组织架构：为确保 BIM 项目应用顺利实现，建立 BIM 工作小组，确定各项目组的作用和职责，项目执行各阶段计划。

（4）BIM 项目设计程序：要详细说明 BIM 计划路线图的执行程序。

（5）BIM 信息交换：详细制定模型质量要求，应统一数据格式和应用平台，保证数据信息的无缝对接与使用，满足各专业或各阶段的信息交流要求。在此基础上，形成各分项、分部的专用模型，如制造模型、施工模型、造价模型等。

（6）BIM 数据要求：必须明确建设方的要求，制定模型质量控制规程、BIM 数据交互方式和格式。

（7）技术基础条件要求：执行项目所需的硬件、软件、网络环境等。

（8）BIM 技术应用计划：根据工程项目实际情况，制定 BIM 技术应用计划并分解计划，确定 BIM 管理工作内容。

（9）制定 BIM 运行保障体系，交付方式。

2. BIM 项目应用目标

BIM 项目应用目标设定应包含：

（1）质量管理：质量策划及实施，质量问题动态管理；

（2）进度管理：进度优化及模拟，进度调整与检查；

（3）成本管理：成本控制、分析、考核、合同、采购红线管理；

（4）安全管理：安全技术措施设计，检查安全问题动态管理；

（5）绿色施工管理：施工场地布置，绿色施工管理；

（6）建筑部品 BIM 技术应用：部品选型与整体配置，部品设计与制作；

（7）竣工交付：工程档案资料录入，竣工模型交付。

装配式建筑施工技术与管理

4.6.3 预制构件深化设计

深化设计阶段是装配式混凝土建筑实现过程中的重要一环，起到承上启下的作用。预制装配式混凝土结构深化设计中的预制构件平面布置、拆分、设计以及节点设计等宜应用 BIM 技术。

预制构件拆分时，应遵循模数化、标准化、部品化、通用化原则，进行设计、生产、施工一体化集成设计。预制构件深化设计模型应满足工厂数字化要求，还应满足施工吊装工况、吊装设备、运输设备和道路条件、预制厂家生产条件等因素。宜应用深化设计模型进行安装节点、专业管线与预留预埋、施工工艺等的碰撞检查以及安装可行性验证。

预制装配式混凝土结构深化设计模型除施工图设计模型元素外，还应包括预埋件和预留孔洞、节点和临时安装措施等类型的模型元素。

设计单位应向预制构件生产厂家及施工单位提供构件安装步骤、节点处理方法、构件与三维模型的关联索引信息。BIM 技术应用交付成果宜包括深化设计模型、碰撞检查分析报告、平立面布置图以及节点详图、预制构件深化设计图和计算书、工程量清单、装配率信息统计等。对于重点复杂部位应进行三维可视化设计模拟。

4.6.4 预制构件和部品生产

生产单位宜采用现代化的信息管理系统，并建立统一的编码规则和标识系统。信息系统应与生产单位的生产工艺流程相匹配，贯穿整个生产过程，并应与构件 BIM 信息模型有接口，有利于在生产全过程中控制构件生产质量，精确算量。

预制构件和部品等加工产品的全生命期包括加工中技术工艺管理、模具管理、计划管理、进度管理、工艺管理、质量管理、安全管理、成品管理等，宜运用 BIM 技术，可大幅提高生产效率。

可基于预制构件深化设计模型和加工确认函、设计变更单等，结合工厂生产设备及现场施工情况进行构配件部品的生产拆分，形成生产阶段专用构件加工模型。

根据预制构件深化设计单位提供的包含完整设计信息的预制构件信息模型，附加或关联生产信息、构件属性、构件加工图、工序工艺、质监、运输控制、生产责任主体等信息。并在构件生产和质量验收阶段形成构件生产的进度信息、成本信息和质量追溯信息。宜建立混凝土预制构件编码体系和生产管理编码体系，便于施工安装。

部品部件生产基地在产品模块准备、产品加工、成品管理等过程中应以 BIM 模型为基础进行生产工序流水作业、信息化生产。其产品应满足工业化生产的需求，满足制造精度、运输质量控制、安装精度的要求。

预制配件、部品部件生产、制作的阶段信息及时反馈到构件加工模型中，保证 BIM 模型信息的准确性和及时性。所有预制加工产品的物流运输和安装等信息宜附加或关联到 BIM 模型中。

所有构配件、部品在交付运输与安装前宜附加或关联条形码、电子标签等成品管理物联网标识信息。

4.6.5　运输与吊装

构配件、部品在运输前应基于制造阶段交付的预制构件装配图，结合工程实体和现场施工进度、堆放场地、运输线路、施工方法和顺序、堆放支垫及成品保护措施等，根据项目的专项施工方案进行 BIM 施工仿真模拟，以确定构配件、部品的运输顺序、放置位置。

预制构件的吊装是装配式结构工程施工中最重要的环节之一。构配件、部品在吊装前，应结合施工现场、构件的类型、机械设备的起吊能力、构件的安放位置等，进行 BIM 施工吊装模拟，以具体确定吊点位置、吊具设计、吊运方法及顺序、临时支架等。

宜基于制造阶段交付的预制构件模型添加运输信息（物料清单、运输时间、运输路线、运输的注意事项、交接信息、装卸要求），结合 GIS 和物联网等技术，形成相应的物流阶段 BIM 模型。

4.6.6　BIM 施工实施

施工单位应根据设计、制造阶段的 BIM 模型进行深化，结合施工组织形成施工模拟。

将施工图结构模型、预制构件模型以及场地模型进行整合，根据项目的施工组织计划进行预装配施工模拟。复核构件的吊装、装配顺序，对吊装的每一个步骤进行精细化的仿真模拟，查找施工中可能存在的动态干涉，优化施工方案。尤其对复杂节点进行施工模拟和碰撞检查，形成构件安装的风险防控文档，并形成施工指导视频。

施工过程中，将施工进度数据和 BIM 模型对象相关联，产生具有时间属性的施工进度管理模型，与计划进度对比分析，对进度偏差进行调整，更新目标计划，实现三维可视化施工进度管理。

施工图预算中的工程量清单项目确定、工程量计算、分部分项计价、工程总造价计算等宜应用 BIM 技术。在施工图预算 BIM 技术应用中，宜基于施工图设计模型创建施工图预算模型，并附加或关联预算信息。

施工过程中应逐步完善 BIM 模型的施工安装信息，最终整合建筑物空间信息、设备信息、施工信息和质检信息形成竣工模型。竣工模型集成了项目施工阶段的管理过程信息，为电子化竣工交付和运维阶段 BIM 技术应用提供数据基础。

BIM 技术与互联网、物联网、大数据、云计算等深度融合，可实现"智慧工地"。通过工地信息化、智能化建造技术的应用及施工精细化管控，可以提高整体建造的效率和提升企业的管理水平。

4.6.7　运营维护管理

传统施工过程的信息管理基本上都以纸质材料方式进行流转和管理，且信息存储较分散，传递缓慢、效率低下。运维阶段 BIM 技术能够提供信息分类管理平台，并实现信息向运维阶段的有效传递。运维阶段是建筑全生命期中时间最长、管理成本最高的重要阶段。BIM 技术在运维阶段应用的目的是提高管理效率、提升服务品质及降低管理成本，为设施的保值增值提供可持续的解决方案。

BIM 竣工模型数据信息应与运营管理平台进行关联，为运营管理提供信息查询、隐蔽工程改造、设备快速定位、图纸管理、系统维护、实时监控预警、互动场景模拟等功能。

宜在 BIM 竣工模型基础上，根据现场实际情况进行调整，形成运营维护 BIM 模型，在使用期间，根据实际运营情况对 BIM 模型进行动态更新。

📊 **复习思考题**

1. 装配式混凝土建筑施工准备工作有哪些？
2. 简述起重设备的选定原则。
3. 简述吊具选择和安装的步骤、原则。
4. 简述临时斜支撑系统的支设和拆除基本要求。
5. 简述预制梁、预制板的吊装工艺流程。
6. 简述测量定位、放线的步骤和要求。
7. 简述预制墙体的吊装工艺流程。

8. 简述单套筒灌浆的座浆及灌浆操作步骤和要求。

9. 简述连通腔灌浆的分仓、封仓及灌浆操作的步骤和要求。

10. 简述预制柱吊装就位、校核与调整的施工步骤及施工控制要点。

11. 简述构件后浇混凝土模板支设、混凝土浇筑步骤和要求。

12. 简述装配式混凝土建筑BIM技术应用内容和价值。

装配式建筑施工技术与管理

第 5 章
装配式混凝土建筑施工管理

装配式混凝土建筑施工管理

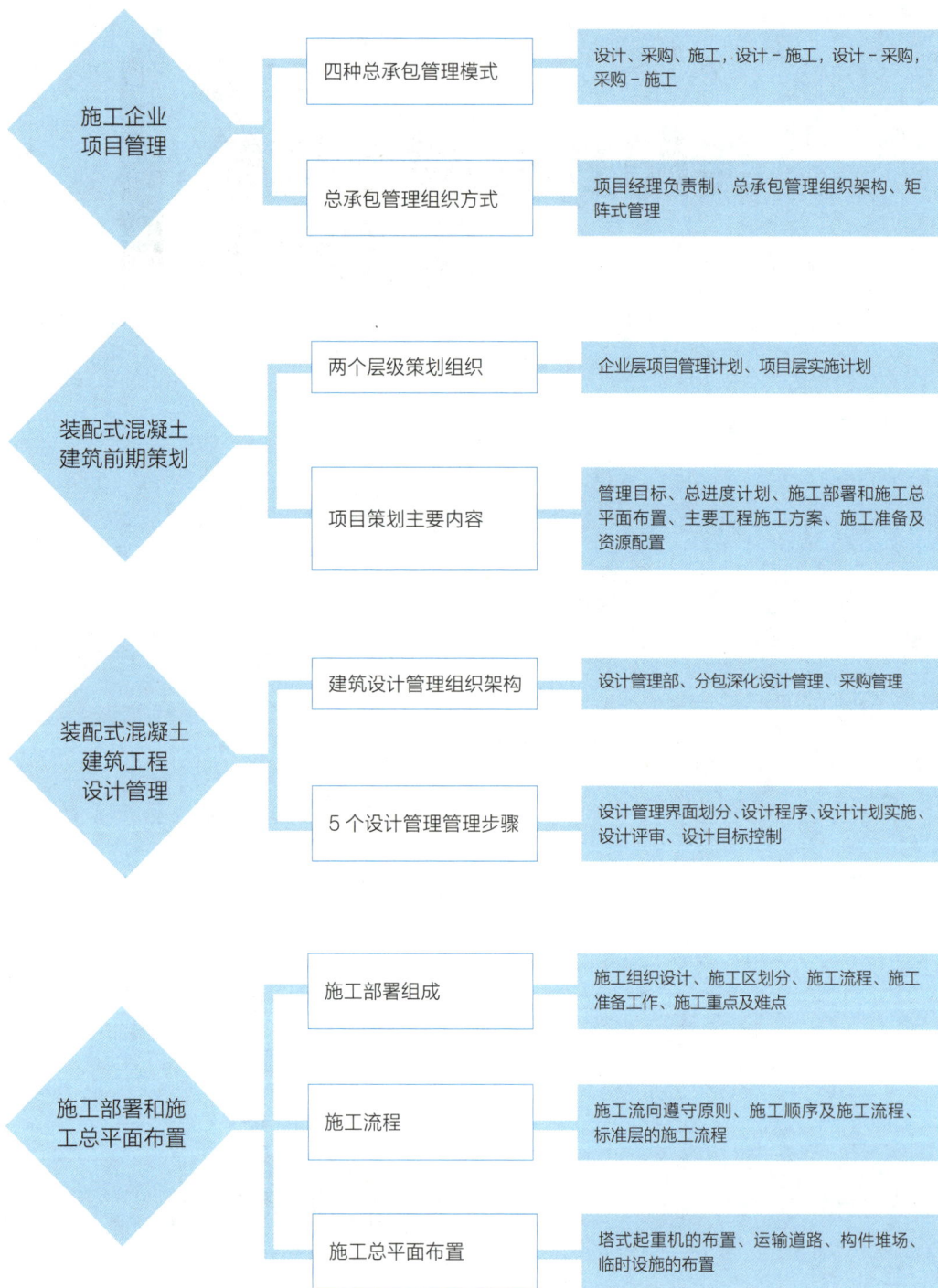

施工企业项目管理
- 四种总承包管理模式 —— 设计、采购、施工，设计－施工，设计－采购，采购－施工
- 总承包管理组织方式 —— 项目经理负责制、总承包管理组织架构、矩阵式管理

装配式混凝土建筑前期策划
- 两个层级策划组织 —— 企业层项目管理计划、项目层实施计划
- 项目策划主要内容 —— 管理目标、总进度计划、施工部署和施工总平面布置、主要工程施工方案、施工准备及资源配置

装配式混凝土建筑工程设计管理
- 建筑设计管理组织架构 —— 设计管理部、分包深化设计管理、采购管理
- 5个设计管理管理步骤 —— 设计管理界面划分、设计程序、设计计划实施、设计评审、设计目标控制

施工部署和施工总平面布置
- 施工部署组成 —— 施工组织设计、施工区划分、施工流程、施工准备工作、施工重点及难点
- 施工流程 —— 施工流向遵守原则、施工顺序及施工流程、标准层的施工流程
- 施工总平面布置 —— 塔式起重机的布置、运输道路、构件堆场、临时设施的布置

主要工程的施工方案	编制施工方案	施工方法、施工顺序、机械设备的选型、技术组织措施、专项施工方案
	图纸深化技术管理	图纸会审及对接、管线碰撞检查、吊点预埋节点、施工工艺优化
	施工组织设计（施工方案）管理	施工组织设计（施工方案）编制、专项施工方案审批流程、施工组织设计实施流程
施工准备及主要资源配置计划	3项施工准备	技术准备、现场准备、资金准备
	2项资源配置计划	劳动力配置计划、物资配置计划
施工进度管理	施工进度计划	网络图计划、进度计划依据、合同工期目标、逐级分解、施工进度动态管理
	进度管理保证措施	制定进度控制目标、科学化安排施工进度、进度协调会
施工质量管理	质量控制要点	质量第一责任人、协同工作、隐蔽工程、首段验收
	质量验收管控	项目验收划分、预制构件隐蔽工程验收、预制构件生产质量验收、进场验收
	质量保证措施	样板引路制度、工序交接制度、成品保护验收、施工图纸会审、施工技术交底
装配式混凝土建筑安全管理	安全生产管理组织架构	总承包项目第一责任人、安全总监、设计部门经理
	施工现场安全管理计划	安全管理方针和目标、安全教育培训、动态管理、重要危险源控制
	施工安全管理难点	构件运输及堆放管理、预制构件吊装及临时支撑管理、高空作业管理

装配式混凝土建筑产业逐渐向标准化设计、工厂化生产、装配化施工、一体化装修、信息化管理、智能化应用方向转变。传统的设计与生产相互分离的建造方式，已不能满足装配式混凝土建筑的发展需求，而工程总承包集成化管理模式更符合装配式混凝土建筑新型的建造方式。

5.1　施工企业项目管理

　　我国《建设工程项目管理规范》GB/T 50326—2017 对建设工程项目管理的定义是："运用系统的理论和方法，对建设工程项目进行的计划、组织、指挥、协调和控制等专业化活动。"工程项目管理的内涵是项目策划和项目控制，以使项目的费用目标、进度目标和质量目标得以实现。

　　当采用建设项目工程总承包模式时，工程总承包单位负责承担项目的设计和全部施工任务。工程总承包单位应具有与工程建设规模和复杂程度相适应的项目设计管理、采购管理、施工组织管理等专业技术能力和综合管理能力。

5.1.1　装配式混凝土建筑 EPC 总承包管理模式

　　工程总承包是指工程总承包企业受业主委托，依据合同约定对建设项目的设计、采购、施工和试运行实行全过程或若干阶段的承包管理模式。工程总承包可以是全过程的承包，也可以是分阶段的承包。有四种总承包方式：设计、采购、施工(EPC)，设计—施工总承包(D—B)，设计—采购总承包(E—P)和采购—施工总承包(P—C)。

　　《房屋建筑和市政基础设施项目工程总承包管理办法》（建市规〔2019〕12 号）

明确指出："建设内容明确、技术方案成熟的项目，适宜采用工程总承包方式"。工程总承包管理模式是运用现代工业化的组织方式和生产手段，对建筑生产全过程各个阶段的技术集成和系统整合，是建筑业建造方式的重大变革。

现阶段装配式混凝土建筑技术方案较成熟，宜采用 EPC 总承包管理模式，可以将传统模式中很多后置的工作前置到项目早期，在项目实施前期阶段先行制定生产、运输、吊装方案等，有效整合装配式混凝土建筑上下游产业链，促进技术体系和管理模式的协同应用，实现装配式混凝土建筑"标准化设计、工厂化制造、装配化施工、一体化装修、信息化管理、智慧化应用"的"六化一体"建造目标，提高建筑产品质量、建造效率和综合效益，降低成本和能耗。

EPC 管理模式下，总承包商几乎承担了项目的所有风险。因此需要更加注重各项管理工作的内涵和前期工作，充分发挥设计的龙头作用，通过内部协调和优化组合、优化设计及选择合理的施工方案等，在规定的时间内，按质按量地全面完成工程项目的承建任务，实现资源优化和整体效益最大化。装配式混凝土建筑总承包管理模式如图 5-1 所示。

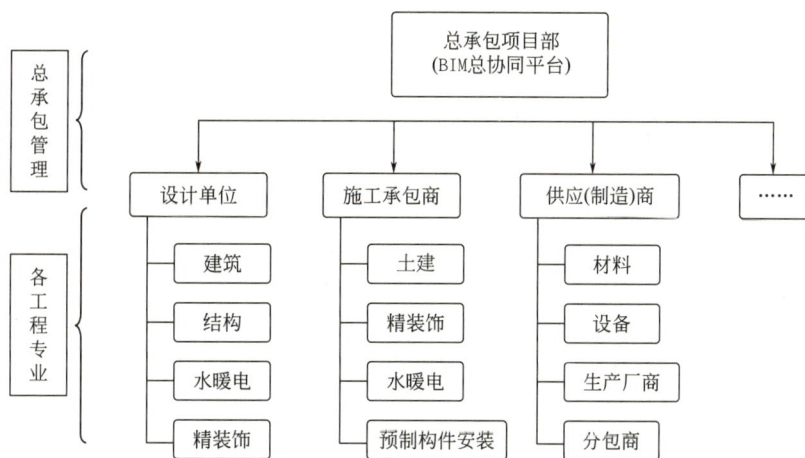

图 5-1　装配式混凝土建筑总承包管理模式

5.1.2　装配式混凝土建筑总承包管理的组织方式

EPC 工程总承包项目合同签订后，根据工程规模、结构特点和复杂程度，应建立与工程总承包项目相适应的项目管理组织机构，并行使项目管理职能，实行项目经理负责制。通常可采用项目管理目标责任书的形式，明确项目目标和项目经理的职责、权限和利益。

工程总承包企业承担建设项目工程总承包，宜采用矩阵式管理。在项目经理的领导下组建项目部，根据项目的需要设立项目管理组织和岗位。项目经理应按照法律、法规和有关规定，对建设工程的设计、施工、采购、质量、安全等负责。

装配式混凝土建筑组织机构设置与传统的组织机构有较大的区别。装配式工程总承包项目部，在组织机构中需要增设设计管理部、BIM 工作部、计划部、机电安装部等。在设计为引领的管理模式下，通过基于 BIM 技术的信息化管理平台，实现设计、生产制造、装配施工、采购等各个阶段资源、信息共享，规避沟通不流畅的问题，达到项目资源有效配置和集成化管理的目标。

某装配式混凝土建筑工程总承包项目组织机构设置如图 5-2 所示。

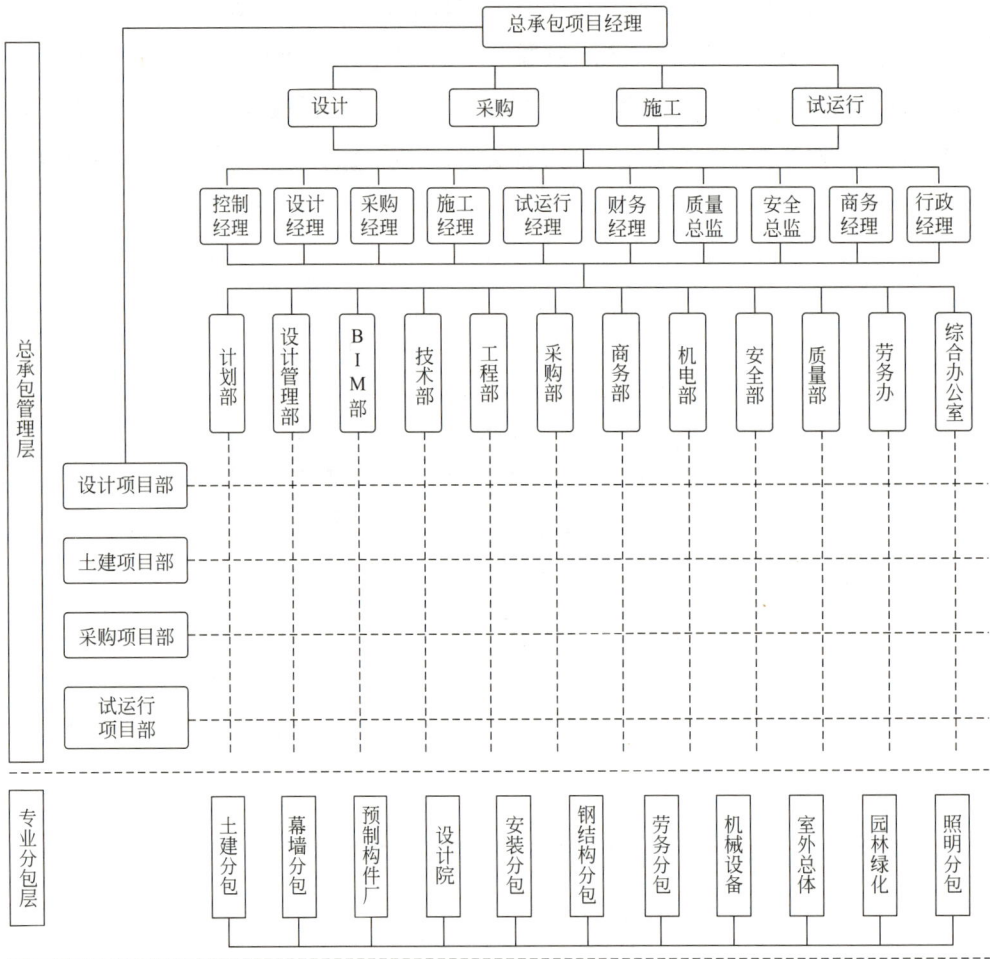

图 5-2　某装配式混凝土建筑工程总承包项目组织机构设置

装配式建筑施工技术与管理

5.2　装配式混凝土建筑前期策划

项目前期策划是总承包项目运行过程中的关键环节，项目部应在项目初始阶段开展项目策划工作，并编制项目管理计划和项目实施计划。

项目管理计划对项目能够实现高效、有效地运行发挥重要作用，对整个项目管理具有战略性的指导意义。项目实施计划是对实现项目目标的具体和深化。装配式混凝土建筑作为全产业链项目，与传统施工组织有较大的区别，最主要就是装配式混凝土建筑管理前置，项目策划阶段要考虑工厂化预制、模块化施工和模块化集成建筑等方面的要求。

项目策划应结合项目特点，根据合同和工程总承包企业管理的要求，明确项目目标和工作范围，分析项目风险以及采取的应对措施，确定项目的各项管理原则、措施和进程。项目策划的范围宜涵盖项目活动的全过程所涉及的全要素。

5.2.1　策划组织

建筑企业应在项目初始阶段开展项目策划工作。项目策划分两个层级，分别是企业层的项目管理计划和项目层的实施计划。

项目管理计划是由公司主管部门组织，相关部门和项目经理等主要成员参与编制，最终形成《项目管理策划书》，是装配式混凝土建筑总承包项目实施管理的纲领性文件，也是编制项目实施计划的基础和重要依据。

项目实施计划，由项目经理主持组织策划，项目部各专业系统共同编制；是在项目策划书和目标责任书的基础上对实现项目目标的进一步深化，对项目的资源配置、费用、进度、内外接口和风险管理等制定工作要点和进度控制点。

5.2.2　策划内容

项目策划应满足合同要求，同时应符合工程所在地对社会环境、依托条件、项目干系人需求以及项目对技术、质量、安全、费用、进度、职业健康、环境保护、相关政策和法律法规等方面的要求。

项目策划编制主要内容如下：

（1）项目策划原则；

（2）工程管理目标，主要管理目标包括：工期、质量、安全、费用、进度、环境、技术创新、文明工地等，并制定相关管理程序；

（3）确定项目的管理模式、组织机构和职责分工；

（4）总进度计划（含设计、采购、施工、试运行）；

（5）施工部署和施工总平面布置；

（6）主要工程的施工方案；

（7）施工准备及主要资源配置计划；

（8）制定项目协调程序；

（9）制定风险管理计划；

（10）制定分包计划。

建设单位应在装配式混凝土建筑项目规划审批立项之前组织开展技术策划专项工作。在进行项目技术策划时，需结合项目的实际情况，进行综合考虑、整体协调。项目技术策划应包括设计策划、部品部件生产与运输策划、施工安装策划和经济成本策划等。

设计策划应结合总图概念方案或建筑概念方案，对建筑平面、结构系统、外围护系统、设备与管线系统、内装系统等进行标准化设计策划，并结合成本估算，选择相应的技术配置。

部品部件生产策划根据供应商的技术水平、生产能力和质量管理水平，确定供应商范围。部品部件运输策划应根据供应商生产基地与项目用地之间的距离、道路状况、交通管理及场地放置等条件，选择稳定可靠的运输方案。

施工安装策划应根据建筑概念方案，确定施工组织方案、关键施工技术方案、机具设备的选择方案、质量保障方案等。

经济成本策划要确定项目的成本目标，并对装配式混凝土建筑实施重要环节的成本优化提出具体指标和控制要求。

5.3 装配式混凝土建筑工程设计管理

设计是做好装配式混凝土建筑工程总承包项目的前提。设计管理分两个阶段，即项目设计规划阶段和设计阶段。装配式混凝土建筑设计管理贯穿建筑全生命周期，对工程设计的质量、进度、成本、安全等进行全过程管理和控制。设计时应充分考虑本地区的生产、运输、吊装施工等实际情况，实现装配式混凝土建筑一次设计，减少二次拆分。

5.3.1 装配式混凝土建筑设计管理组织架构

装配式混凝土建筑设计过程是高度专业化的工作，是建筑、结构、水暖电、装饰、工艺、施工等各工程专业、设计工种协同配合的过程。装配式混凝土建筑设计工作要满足合同约定的技术性能、质量标准和工程的可施工性、可操作性及可维修性的要求。图 5-3 为装配式混凝土建筑总承包项目组织架构形式，在总承包项目部中增设设计管理部，负责对设计院、各专业分包深化设计管理。

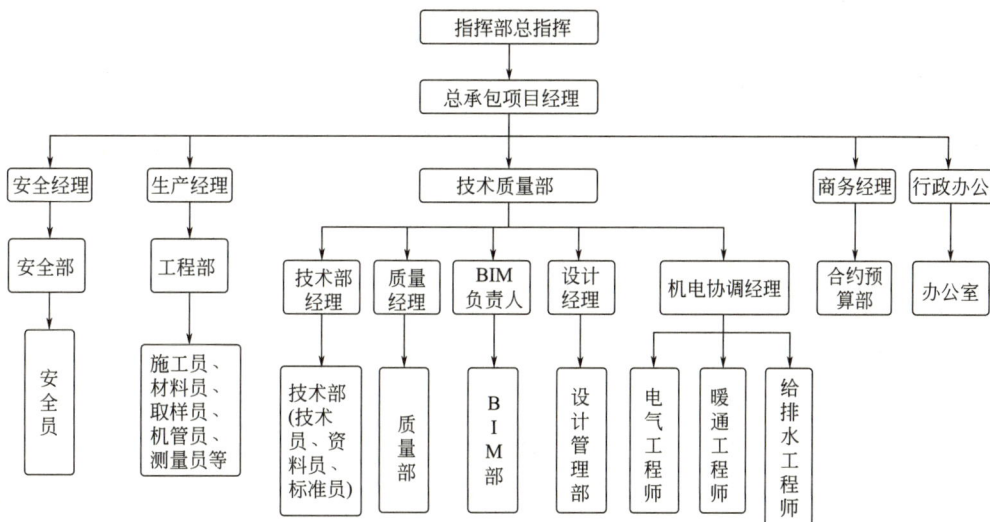

图 5-3 装配式混凝土建筑总承包项目组织架构

设计管理应由设计经理负责，并适时组建项目设计组。工程总承包企业对项目设计组进行矩阵式管理。设计经理负责组织、指导和协调项目的设计工作，负责全专业设计管理计划与实施、全专业分包深化部署、生产指导、采购等有关工作及施工生产跟踪管理。

在项目实施过程中，设计经理应接受项目经理和工程总承包设计管理部门的管理。工程总承包项目要将采购纳入设计程序。设计组应负责采购文件的编制、报价、技术评审和技术谈判、供应商图纸资料的审查和确认等工作。

5.3.2 装配式混凝土建筑设计管理流程

设计管理是工程总承包管理的龙头，设计、采购、施工深度融合，有利于提高施工企业项目管理水平，助力价值创造。项目建设初期应建立设计信息资源共享平台，形成设计管理的组织界面。装配式混凝土建筑设计管理要控制好设计成果和进度，并实现项目对设计的标准化管理流程，设计需求需前置，在实施过程中要全专业、各业务部门进行联动。

装配式混凝土建筑设计管理流程如下：

（1）设计管理界面的划分

设计管理界面包括业主/监理、现场施工方、采购办、供应商、试运行的界面和对接，以及设计内部各设计单位、各专业之间的衔接。需要合理界定各部门的工作职能和作用，加强设计界面的协调。

（2）设计程序和投资控制

在装配式混凝土建筑设计过程中，深化设计贯穿全过程，内装与机电深化设计必须前置，为深化设计服务。并在设计流程中增加结构拆分、构件深化设计、构件生产环节。

工程项目的投资贯穿于工程项目管理的全过程，其中项目前期和设计阶段的投资控制是整个项目实施期投资控制的关键。设计阶段投资控制是包括组织措施、经济措施、技术措施、合同措施在内的一项综合性工作。

（3）设计计划实施

设计执行计划是项目设计策划的成果，是重要的管理文件。设计执行计划由设计经理组织编制，由项目经理批准实施。通过设计执行计划把项目实施的目标、方针、策略，项目对设计质量、安全、费用、进度、职业健康和环境保护要求等的控制要求以及项目对设计组内外关系的要求作出具体规定，使设计组各专业按照统一的设计理念、设计标准、工作程序完成设计工作。

设计组应按项目协调程序，对设计进行协调管理，协调和控制各专业之间、采购和施工等的接口关系。

（4）设计评审

设计组应按项目设计评审程序和计划进行设计评审，项目设计评审程序需符合工程总承包企业设计评审程序的要求。

（5）设计目标控制

设计经理应组织检查设计执行计划的执行情况，分析进度偏差，制定有效措施。

设计质量应按项目质量管理体系要求进行控制，制定控制措施。

5.4　施工部署和施工总平面布置

装配式混凝土建筑应综合协调建筑、结构、设备和内装等专业，编制相互协同的施工组织设计。施工组织设计中施工部署、施工方案、施工进度计划及施工总平面图布置是其核心内容。

5.4.1　施工部署

施工部署是对项目实施过程做出的统筹规划和全面安排，是指导该工程施工的核心内容。施工进度计划、施工准备与资源配置计划、施工方法、施工现场平面布置和主要施工管理计划等施工组织总设计的组成内容都应该围绕施工部署的原则编制。

施工部署主要由施工部署原则、施工组织、施工区域划分与安排、施工流程（顺序）、施工准备工作、施工运输方案等组成。施工部署的内容和侧重点根据建设项目的性质、规模和各种客观条件不同而不同。

施工组织总设计应对项目总体施工做出宏观部署，确定项目管理机构形式和项目开展程序。施工部署主要包括：

（1）确定项目管理组织架构，明确项目部管理职能，如图 5-4 所示。

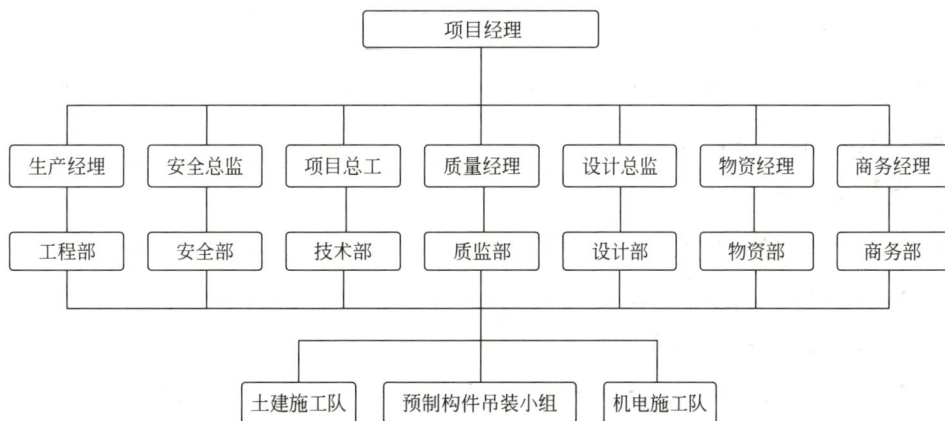

图 5-4　某装配式结构施工项目管理组织架构

（2）确定项目施工总目标，包括进度、质量、安全、环境和成本等。

（3）根据项目施工总目标的要求，确定项目分阶段（期）交付的计划。

（4）确定项目分阶段（期）施工的合理顺序及空间组织。对于工期长、技术复杂、施工难度大的工程应提前安排施工。在时间上主要考虑季节施工对工程进度和安全的影响。在空间上主要考虑立体交叉施工，采用流水施工，预先安排好不同专业施工队之间的交接协调工作。

（5）确定项目开展程序时，主要考虑：

1）在保证工期要求的前提下，分期分批施工。

2）统筹安排，保证重点，兼顾其他，确保工程项目按期投产。

3）在安排工程顺序时，应按先地下后地上、先深后浅、先干线后支线的原则进行。

（6）对于项目施工的重点和难点应进行简要分析，包括组织管理和施工技术两个方面。对于项目施工中开发和使用的新技术、新工艺应做出部署。

单位工程施工组织设计的施工部署进度安排和空间组织要符合下列规定：

1）施工部署应对本单位工程的主要分部（分项）工程和专项工程的施工做出统筹安排，对施工过程的里程碑节点进行说明。

2）施工流水段划分应根据工程特点及工程量进行合理划分，需统筹考虑劳动力、水平及垂直运输条件、材料供应等各方面因素，并应说明划分依据及流水方向，确保均衡流水施工。

5.4.2 施工流程

1. 施工流向遵守原则

施工流向是指单位工程在平面上或竖向上施工开始的部位和进展的方向。对单位工程，其施工流向的确定应遵守"先准备后施工、先地下后地上、先主体后围护、先结构后装修"的原则来确定。

确定施工流向时，应着重考虑以下因素：

（1）建设单位对生产和使用要求在先的工段或部位先施工；

（2）建筑物的生产工艺流程，影响其他工段试车投产的工段先施工；

（3）技术复杂、工期长的区段或部位先施工；

（4）机电安装工程先进行预留预埋、预制加工，后安装管道设备；

（5）施工技术与组织上的要求。

2．施工顺序及施工流程

施工顺序是各分部分项工程施工的先后次序。确定施工顺序时必须符合施工工艺顺序，还应与所选用的施工方法和施工机械要求相一致，同时还要考虑施工工期、施工组织、施工质量和安全要求。

对各工种作业安排要有计划、有步骤，使各施工过程的工作队紧密配合，平行、搭接、穿插施工，能充分利用空间，缩短工期。做好主体工程与装饰工程的交叉、水电设备安装工程与装饰工程的交叉。

某工程施工全流程如下：

施工准备桩基施工→挖土→基坑支护→地基处理→浇混凝土垫层→底板防水及保护层→弹线→基础底板钢筋、模板、混凝土、水电预埋→地下室主体结构→地下室外墙防水及保护层→回填土→地上部分装配式混凝土结构施工→穿插砌体工程与水电管线安装→结构封顶→主体结构验收→屋面防水→内外墙装饰→细部处理与扫尾→自查自纠→初验→竣工交付。

3．标准层的施工流程

某装配整体式剪力墙结构施工流程如下：

①进场检查→②现场堆放→③吊装准备→④构件吊装（剪力墙）→⑤套筒灌浆→⑥构件吊装（梁、叠合板）→⑦现浇部分钢筋绑扎、模板→⑧混凝土浇筑→⑨下一个标准层施工。

其施工一个标准层工期为 6 天，双代号网络图进度计划如图 5-5 所示。

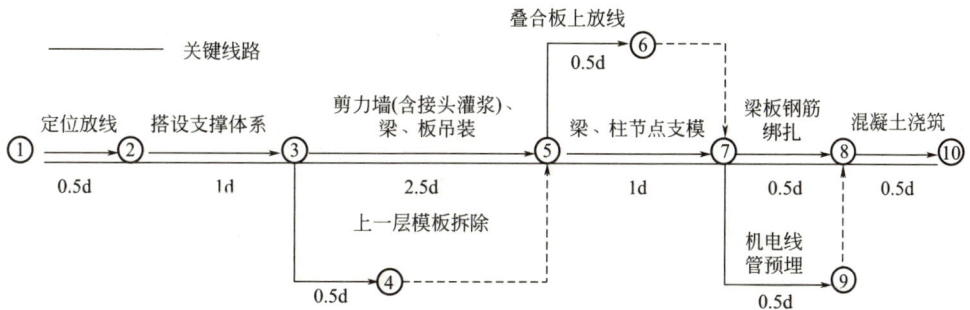

图 5-5 装配整体式剪力墙结构标准层施工进度双代号网络图

5.4.3 施工总平面布置

施工总平面布置应按照投标文件、EPC 总承包合同以及工程总体部署进行布置。总平面管理按照施工阶段不同，需进行动态调整。施工现场应根据装配化建造方式布置施工总平面，宜规划主体装配区、构件堆放区、材料堆放区和运输通道。

1. 塔式起重机的布置

装配式混凝土建筑大型机械平面布置时根据塔式起重机参数和各预制构件重量，综合考虑施工总体部署、吊装最不利工况，选取单体结构中最重预制构件及吊距最远构件进行分析。在塔式起重机选型时，应使塔式起重机性能满足起重量、起重高度、起重半径和起重臂长等的要求。

塔式起重机的定位原则如下：

（1）最大程度覆盖作业面，尽可能减少吊运盲点。

（2）附墙臂的安装要有可靠的固定位，不得附着于预制构件上。

（3）塔式起重机基础不要妨碍结构梁、电缆沟、给排水和暖通等设备的安装，不得影响基础梁和上部结构梁的浇筑。

（4）群塔作业要考虑塔式起重机相互碰撞的问题，包括水平和垂直方向的碰撞。

2. 运输道路

运输道路按材料、构件等运输需要，沿加工区或堆场布置。一般施工主干道路需满足环形通道的规范要求，道路应有两个以上进出口，且尽量避免临时道路与其他道路交叉，保证大型构件运输车辆及消防车辆的正常运行。运输车的行车路线应配合塔式起重机实现构件卸车、堆放。主干道路宜采用双车道，宽度不小于 6m，次要道路宜采用单车道，宽度不小于 4m，半拖式拖车的转弯半径不能小于 15m，全拖挂车的转弯半径不得小于 20m。同时路基需具备一定承载力，当预制构件运输及堆放均在地下室顶板时，需提前进行结构顶板加固设计，并经设计院确认后才能使用。

3. 构件堆场

预制构件运送到施工现场验收合格后要进行存放。构件堆放场地应靠近主干道路，且在塔式起重机覆盖范围内，避免二次搬运，以降低运输成本及成品保护成本。堆放场地必须坚实平坦，地面要有硬化措施，并有排水设施。横向预制构件堆放时下侧放置垫木，方便构件起吊、保护构件。预制构件堆场中必须设置合理的工作人员安全通道。构件吊装区域有围栏封闭，并设置醒目的提示标语。

4. 临时设施的布置

生活区、办公区和生产区应分离布置，临时设施应使用方便、有利施工、符合防火安全的要求。施工现场宜采用模块化临时设施，提升绿色施工和临建标准化水平。

临时设施平面布置还需要考虑临时用水、临时用电和消防设施等。

5.5 主要工程的施工方案

5.5.1 施工方案

单位工程应按照《建筑工程施工质量验收统一标准》GB 50300—2013中分部、分项工程的划分原则，对主要分部、分项工程制定施工方案。对于达到一定规模的危险性较大的分部、分项工程必须编制专项施工方案，并附具安全验算结果，经施工单位技术负责人、总监理工程师签字后实施。

拟定主要工程项目施工方案的目的是为了进行技术和资源的准备工作、施工顺利开展和现场的合理布置。

施工方案是施工组织设计的核心内容，主要包括拟建工程的施工方法、施工程序和施工顺序的确定、施工准备及资源配置计划、施工工艺流程的确定，还应包括季节性措施、新技术措施以及结合工程特点和工程需要采取的相应施工方法与技术措施等方面的内容。

装配整体式混凝土结构施工前应编制专项施工方案。专项施工方案应包括下列内容：工程概况；编制依据；进度计划；预制构件堆放和场内驳运道路施工平面布置；吊装机械选型与平面布置；预制构件总体安装流程；预制构件安装施工测量；分项工程施工方法；产品保护措施；保证安全、质量技术措施；绿色施工措施、信息化管理、应急预案等。

5.5.2 图纸深化技术管理

装配式混凝土建筑施工前，建设单位应组织设计单位、构件生产单位、土建施工单位、监理单位、机电安装单位对设计文件进行图纸会审，确定施工工艺措施。图纸深化阶段构件厂需提前介入。

装配式混凝土建筑图纸会审内容包括：基坑图纸会审、结构图纸会审、建筑图纸会审、机电安装图纸会审、装配式混凝土建筑深化图纸会审等。施工单位应准确理解设计图纸的要求，掌握有关技术要求及细部构造，并作好图纸会审记录。

（1）与深化设计单位对接

通过图纸会审解决图纸中存在的碰撞、遗漏、错误等问题。机电专业深化设计重点考虑管线排布碰撞、设备与结构净高碰撞，检查预留洞口位置是否准确。检查预制构件防水节点、主要结构节点和各装饰节点等设计是否符合生产加工深度要求，建筑与结构是否存在不能施工或不便施工的技术问题。构件拆分必须要明确每块构件的重量，确保塔式起重机选型无误。

（2）与构件生产单位对接

深化设计阶段应考虑模板设计与加工的合理性，以及生产过程中模板安装与紧固措施。要考虑构件脱模起吊埋件、保温拉结件等，吊点预埋节点、斜支撑预埋节点位置符合施工安全要求，进行结构连接工艺优化。进行预制构件吊装施工工艺及措施的优化，规划构件吊装顺序，提高施工效率。钢筋加工和安装符合施工安装的要求，对结构构件的配筋构造和套筒连接位置进行深化改进。

5.5.3 施工组织设计（施工方案）管理

1. 施工组织设计管理流程

施工组织设计是以施工项目为对象编制的，用以指导施工的技术、经济和管理的综合性文件。根据国家规范规定，施工组织设计应由项目经理主持编制，项目技术负责人参与编制，并负责对施工组织设计的编制、审批、实施等进行管理。施工组织设计按编制对象，可分为施工组织总设计、单位工程施工组织设计和施工方案。

施工组织设计、技术方案应遵照监理工作规程进行申报，经审批同意后方可执行。施工组织设计审批流程如图 5-6 所示。

2. 施工方案管理流程

各分包公司必须编制承包范围内的专项施工方案。总包技术部在分包进场后，对分包进行一次全面交底（工程概况、技术要求及现场条件等的交底）。项目技术负责人应在施工组织设计审批后，协助组织项目按照施工组织设计要求实施，并具体负责施工组织设计（施工方案）的发放、交底等工作。

危险性较大的分部、分项工程专项施工方案审批流程如图 5-7 所示。施工组织设计（施工方案）实施管理流程如图 5-8 所示。

装配式建筑施工技术与管理

施工组织设计编制完成

项目经理审查、签字

↓是

项目部填报"报审表"，提交公司审批

↓是

公司技术部门初审 → 否

↓是

组织公司相关部门会审 → 否

↓是

公司总工程师审批 → 否

↓是

提交建设方(监理)审批 → 否

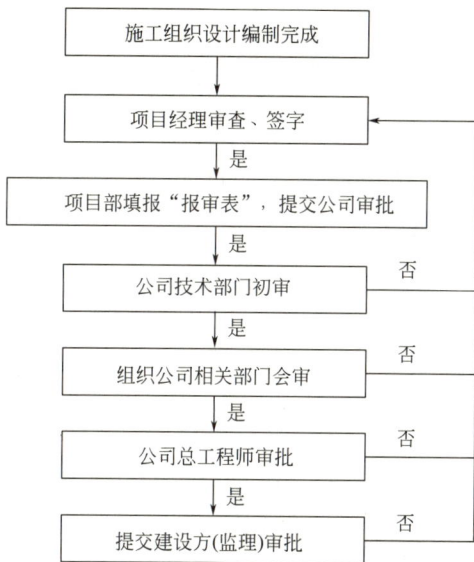

图 5-6　施工组织设计审批流程

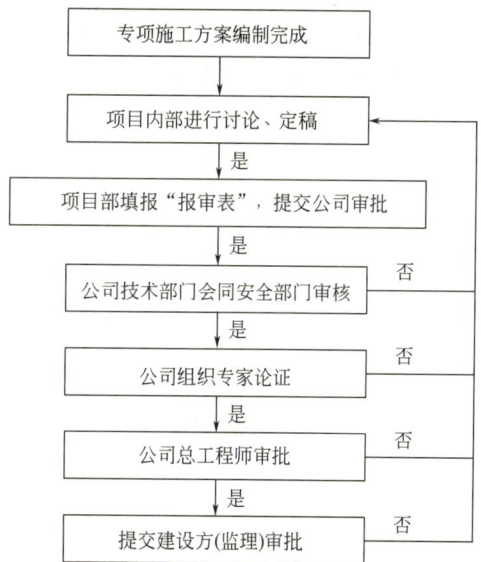

专项施工方案编制完成

项目内部进行讨论、定稿

↓是

项目部填报"报审表"，提交公司审批

↓是

公司技术部门会同安全部门审核 → 否

↓是

公司组织专家论证 → 否

↓是

公司总工程师审批 → 否

↓是

提交建设方(监理)审批 → 否

图 5-7　危险性较大的分部、分项工程专项施工方案审批流程

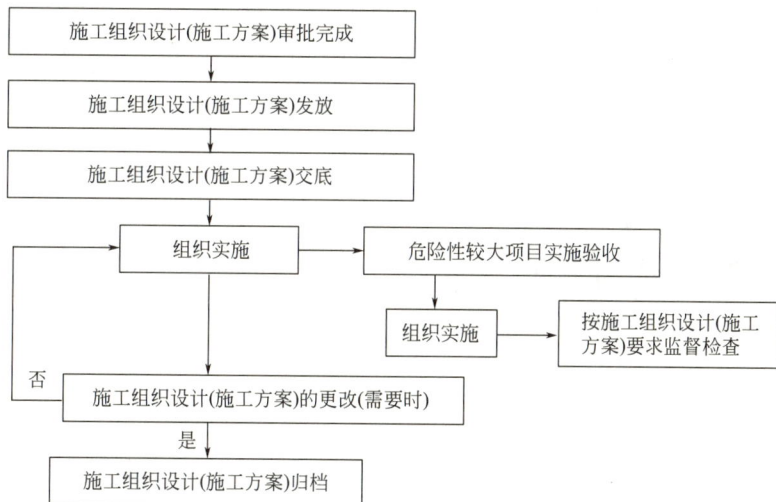

施工组织设计(施工方案)审批完成

↓

施工组织设计(施工方案)发放

↓

施工组织设计(施工方案)交底

↓

组织实施 → 危险性较大项目实施验收

　　　　　　　↓
　　　　　组织实施 → 按施工组织设计(施工方案)要求监督检查

组织实施

否↓

施工组织设计(施工方案)的更改(需要时)

↓是

施工组织设计(施工方案)归档

图 5-8　施工组织设计（施工方案）实施管理流程

5.6　施工准备及主要资源配置计划

5.6.1　施工准备

根据《建筑施工组织设计规范》GB/T 50502—2009，施工准备应包括技术准备、

现场准备和资金准备等。

（1）技术准备：包括施工所需技术资料的准备、施工方案编制计划、试验检验及设备调试工作计划等。

（2）现场准备：包括生产、生活等临时设施，如临时生产、生活用房，临时道路、材料堆放场，临时用水、用电和供热、供气等的准备以及与相关单位进行现场交接的计划等。

（3）资金准备：根据施工进度计划编制资金使用计划。

5.6.2　资源配置计划

各项资源需要量计划是做好劳动力及物资的供应、平衡、调度、落实的依据。资源配置计划应包括下列内容：

（1）劳动力配置计划：确定工程用工量，根据施工总进度计划确定各施工阶段（期）的劳动力配置计划，并编制专业工种劳动力计划表。

（2）物资配置计划：根据总体施工部署和施工总进度计划，确定工程材料和设备配置计划、周转材料和施工机具配置计划以及计量、测量和检验仪器配置计划等。

5.7　施工进度管理

项目施工进度管理应按照项目施工的技术规律和合理的施工顺序，保证各工序在时间上和空间上顺利衔接。施工进度管理是为实现项目的进度目标而进行的计划、组织、指挥、协调和控制等活动。

5.7.1　施工进度计划

1. 施工进度计划

施工进度计划是施工部署在时间上的体现，为实现项目设定的工期目标，反映了施工顺序和各个阶段工程进展情况。正确合理的施工进度计划是承包单位进行施工的重要依据。

设计阶段的出图时间和设计质量直接影响预制构件厂的生产准备以及施工的整体

装配式建筑施工技术与管理

进度，因此设计的进度要求一般在项目策划阶段就同工程总进度计划一起予以明确。

施工进度计划应按照施工部署的安排进行编制，编制应内容全面、安排合理、科学实用，可采用横道图或网络图表示，并附必要说明。对于工程规模较大或较复杂的工程，宜采用网络图表示。

各类进度计划应包括：编制说明、进度安排、资源需求计划、进度保证措施等。装配式混凝土建筑总进度计划确定后，应及时排出构件生产计划及构件吊装计划。

施工进度计划编制时，根据合同工期目标的要求，编制工程总进度计划，该计划关键控制点是编制各专业进度计划的依据。依据施工总进度控制计划，编制详细的控制性施工进度，根据施工周期及时间编制不同深度的施工进度计划，细化到每月、每周进度计划，分析施工进度完成情况，并落实资源供应和外部协作条件。

2. 进度管理计划

进度管理计划应包括下列内容：

（1）对项目施工进度计划进行逐级分解，通过阶段性目标的实现保证最终工期目标的完成；

（2）建立施工进度管理的组织机构并明确职责，制定相应管理制度；

（3）针对不同施工阶段的特点，制定进度管理的相应措施，包括施工组织措施、技术措施和合同措施等；

（4）建立施工进度动态管理机制，及时纠正施工过程中的进度偏差，并制定特殊情况下的赶工措施；

（5）根据项目周边环境特点，制定相应的协调措施，减少外部因素对施工进度的影响。

5.7.2 进度管理保证措施

工程施工阶段的进度控制应按照工程施工合同确定的总工期制定进度控制目标。按项目实施过程、专业、阶段或实施周期对进度控制目标进行分解。在保证进度控制目标的前提下，遵从各种资源供应条件，遵循合理的施工顺序，保证工程进度实施的连续性和均衡性，保证施工质量，合理加快施工进度。

科学化安排施工进度，对施工进度实施情况进行跟踪、数据采集，每周举行内部工程例会，分析计划进度与实际进度的差距，优化资源配置，采用检查、比较、分析和纠偏等方法和措施，对计划进行动态控制。为保证施工的整体进度，施工现场技术人员应与预制构件厂、设计人员紧密联系，了解构件生产情况，并根据现场场地情况考虑构件存放量，必要时应召开进度协调会。

构件进场前，应充分考虑构件运输的限制因素，确定场内外预制构件平板车行车路线，以及每批构件的具体进场时间及进场次序。

结构施工阶段，穿插专业管线的预留、预埋以及装饰装修施工和机电设备安装，实现多作业面同时有序施工。

工程施工阶段的进度控制应注意下列事项：

（1）建设项目出现进度偏差时，应及时找出原因，分析对策并提出解决方案。

（2）保证阶段性施工进度计划与总进度计划目标一致。

（3）以关键线路上的各项任务和主要影响因素作为项目进度控制的重点。

（4）加强对项目进度有影响的相关方活动的跟踪与协调。

5.8 施工质量管理

5.8.1 各参与方质量控制要点

1. 建设单位责任

建设单位是装配式混凝土建筑质量的第一责任人，依法对建设的装配式混凝土建筑工程质量全面负责。建设单位应设立质量管理机构并配备相应人员，加强对设计和施工质量的过程控制和验收管理。

建设单位应组织设计、施工、监理、构件生产单位进行设计文件交底和会审。建设工程实施监理的，建设单位应委托监理单位对预制构件的生产环节进行驻厂监理。

建设单位应做好设计、施工、监理、检测、构件生产等参建各方在工作配合上的协调工作。

建设单位应建立相应的工作制度，组织施工、监理等工程参建各方进行预制构件生产首件验收和现场安装首段验收，验收合格后方可进行批量生产和后续施工。

2. 设计单位责任

施工图设计文件应严格执行装配式混凝土建筑设计文件编制深度等规定。施工图除应满足计算和构造要求外，还应满足预制构件制作详图编制和安装施工工序的要求。在设计文件中应明确装配式混凝土建筑的结构体系、装配率、预制构件品种和规格、主要结构构件的连接方式、质量和安全的保障措施等，编制装配式混凝土结构设计说明专篇，并对可能存在的重大风险提出专项设计要求。

设计单位有责任会同预制构件生产单位、施工单位，根据预制构件脱模、吊点、塔式起重机和施工机械附墙预埋件、脚手架拉结等条件，综合考虑预制构件生产、运输、存放及后续施工等影响因素，提出施工过程中保证质量的技术措施，并对装配式混凝土建筑设计文件质量负责。设计单位应对预制混凝土构件生产企业编制的构件制作图进行审核并会签。

设计单位应做好现场施工技术服务，并指派专人作为现场技术负责人。对有涉及与结构安全、使用功能相关的重要变更时，设计单位应及时提出处理意见，并提醒建设单位将修改文件送原审查机构重新审图。

3. 施工单位责任

设计单位应参加建设单位组织的针对生产单位的生产技术交底，以及施工单位及监理单位进行的设计交底。施工单位应积极配合设计单位，将施工所需的预埋件位置、类型等信息提供给设计单位。

施工单位是施工现场预制构件安装和施工质量管理的责任单位，应根据装配式混凝土建筑工程特点配置组织机构和人员，根据施工图设计文件、构件制作详图和相关技术标准，结合装配式混凝土结构工程现场情况制定施工组织设计和专项施工方案，并按规定履行审批手续。严格按照相关规范、标准、施工组织设计和专项施工方案组织施工，确保施工质量。

施工单位就预制构件施工安装关键工序、关键部位的施工工艺应向施工操作人员进行技术交底，并应有书面记录。

施工单位应对进场的预制构件进行质量验收，并经监理单位抽检合格后方能使用。对预制构件连接灌浆作业进行全过程质量管控，并形成可追溯的文档记录资料及影像记录资料，施工单位应对资料的真实性、完整性、有效性负责。对装配式混凝土结构的后浇混凝土节点钢筋连接和锚固全数进行检查，连接节点处后浇混凝土强度未达到设计要求时，不得拆除支撑。对预制构件施工安装过程的隐蔽工程进行自检、评定，合格后通知工程监理单位进行验收，在隐蔽工程验收合格前，不得进入下道工序施工。

施工单位应当建立、健全对装配式施工作业人员的日常质量教育、技术培训和考核的制度，并严格组织实施。组织构件装配工、灌浆工、预埋工等作业人员进行专项培训，作业人员经培训合格后方可从事装配式混凝土建筑施工。

4. 监理单位责任

监理单位应严格审查装配式混凝土结构工程施工组织设计和施工方案，编制具有操作性的专项监理实施细则，明确预制构件制作过程和施工过程中监理旁站的关键部位、关键工序并组织实施。关键部位、关键工序的旁站需形成旁站监理记录并留存影像资料。装配式混凝土建筑除常规的施工方案外至少应包括：构件加工方案、构件运输方案、装配式施工组织设计、预制构件安装施工方案、施工吊装方案、灌浆施工方案。

构件生产实施驻厂监理时，监理单位应切实履行相关监理职责，实施预制构件的全生产过程的监理。驻场监理工程师可采用巡视、旁站、平行检验等方式对原材料进厂抽样检验、预制构件生产、隐蔽工程质量验收和出厂质量验收等关键环节进行监理，并编制完成驻场监理评估报告。

现场监理日常旁站巡视重点应包括施工单位吊装前的准备工作、吊装过程中的管理人员到岗情况、作业人员的持证上岗情况、吊装监管人员到岗履职情况、灌浆过程质量管控措施及相关辅助设施方案的实施情况等。

监理单位应参加建设单位组织的首段验收，组织施工单位对构件进场及施工过程中的质量进行检验。

5. 预制构件生产单位责任

预制构件生产单位应根据审查合格的预制构件的深化设计文件进行生产，当有影响结构性能的变更时，须经原施工图设计单位审核确认。

生产单位应编制预制构件生产方案，明确质量保证措施，按规定履行审批手续后方可实施。

预制混凝土构件生产单位应对其生产的产品质量负责。应按照《建筑工程施工质量验收统一标准》GB 50300—2013、《装配式混凝土建筑技术标准》GB/T 51231—2016 等的要求，加强对原材料检验、生产过程质量管理、产品出厂检验及运输等环节的控制，执行合同约定的预制混凝土构件技术指标和供货要求，确保预制混凝土构件产品质量。

预制构件生产单位应积极配合设计单位，将生产过程所需的预埋件位置、类型等信息提供给设计单位。

5.8.2　装配式混凝土建筑工程质量验收管控

装配式混凝土建筑生产制作和施工质量应符合相关国家现行技术标准和地方的技术规程要求。

施工总承包单位应在工程开工前制定《分部、子分部、分项工程和检验批划分及验收方案》。方案应明确子分部、分项工程和检验批划分及验收标准，明确涉及结构安全及重要使用功能的重要子分部工程。

装配式结构分项工程的验收包括预制构件进场、预制构件安装以及装配式结构特有的钢筋连接和构件连接等内容。对于装配式结构现场施工中涉及的钢筋绑扎、混凝土浇筑等内容，应分别纳入钢筋、混凝土等分项工程进行验收。装配式结构分项工程按楼层划分检验批。

1. 装配式混凝土建筑项目验收划分

装配式混凝土建筑项目按以下四大部分划分：

预制构件质量验收部分；装配式混凝土结构吊装质量验收部分；现浇混凝土质量验收部分；产品竣工验收与备案部分。

2. 预制构件隐蔽工程验收

装配式结构连接节点及叠合构件浇筑混凝土之前，应进行隐蔽工程验收。隐蔽工程验收应包括下列主要内容：

（1）混凝土粗糙面的质量，键槽的尺寸、数量、位置；

（2）钢筋的牌号、规格、数量、位置、间距，箍筋弯钩的弯折角度及平直段长度；

（3）钢筋的连接方式、接头位置、接头数量、接头面积百分率、搭接长度、锚固方式及锚固长度；

（4）灌浆套筒、预留孔洞的规格、数量、位置等；

（5）预埋件、吊环、预留管线的规格、数量、位置等；

（6）夹心外墙板的保温层位置、厚度，拉结件的规格、数量、位置等。

隐蔽工程用观察、尺量等进行全数检查验收，并按要求记录。

3. 预制构件生产质量检查验收

预制构件在工厂制作过程中应进行生产过程质量检查、抽样检验和构件质量验收，并按相关规范规程要求做好检查验收记录。预制构件的生产过程质量检查应对模具组装、钢筋及网片安装、预留及预埋件布置、混凝土浇筑、成品外观及尺寸偏差等分项进行检查。

预制构件出厂前进行成品质量验收，其检查项目包括：预制构件的外观质量；预制构件的外形尺寸；预制构件的钢筋、连接套筒、预埋件、预留孔洞等；预制构件出厂前构件的外装饰和门窗框。

预制构件验收合格后应在明显部位标识构件型号、生产日期和质量验收合格标志。预制构件生产单位应向使用方提供构件质量证明文件。

4. 预制构件进场验收

装配式混凝土建筑工程采用的主要材料、建筑构配件、部品、部件、器具和设备等应进行进场验收。预制构件进场时应检查构件外观质量和几何尺寸、成品构件的产品合格证和有关资料。验收包括：

（1）构件图纸编号与实际构件的一致性检查；

（2）对预制构件在明显部位标明的生产日期、构件型号、生产单位和构件生产单位验收标志进行检查；

（3）对构件上的预埋件、插筋、预留孔洞的规格、位置和数量按设计图纸的标准进行检查。

5.8.3　质量保证措施

1．样板引路制度

建设单位、施工单位应建立样板引路制度，项目技术负责人应负责项目施工样板引路管理工作，组织项目相关人员编制样板引路方案，并经项目经理审批、建设单位（监理）批准后实施。

根据工程特点、施工难点、防治工程质量通病措施等方面的需要，制定样板引路施工方案，制作工序和部位样板、工艺样板、交付样板等实体样板。在分项工程大面积施工前，以现场示范操作、视频影像、图片样板等形式展示关键部位、关键工序的做法与要求，比如装配式结构中的连接、防水、抗渗、预制楼梯等部位及灌浆套筒工艺，促进一线作业人员掌握质量标准和具体施工工艺。

施工总承包单位、监理单位应按照《施工工艺样板引路、首段（首件）验收管理制度》要求落实施工工艺样板及首段（首件）验收制。施工工艺样板及首段施工（首件生产）完成后，施工总承包单位应及时报监理单位验收，合格后方可进行大面积施工（批量生产）。

2．工程自检、互检以及工序交接制度

预制构件成品生产、构件制作、现场装配各流程和环节，施工管理应有健全的管理体系、管理制度。

在分项工程施工过程中，施工员应根据施工与验收规范的要求随时检查分项工程质量，工程施工中严格执行自检、互检、工序交接的"过程三检制"，检查不合格的要进行整改，然后再复查，直到合格为止。在内部自行验收合格的基础上，方可通知监理进行验收。质检员对工程的质量检查和核定按照规范进行。

3．成品保护专项措施及验收制度

在装配式混凝土建筑施工全过程中，应采取防止预制构件、部品及预制构件上的

建筑附件、预埋件、预埋吊件等损伤或污染的保护措施。

装配整体式混凝土结构施工完成后，竖向构件阳角、楼梯踏步口宜采用木条（板）包角保护。预制构件现场装配全过程中，宜对预制构件原有的门窗框、预埋件等产品进行保护，装配整体式混凝土结构质量验收前不得拆除或损坏。

预制外墙板饰面砖、石材、涂刷等装饰材料表面可采用贴膜或用其他专业材料保护。预制楼梯饰面应采用铺设木板或其他覆盖形式的成品保护措施。楼梯安装后，踏步口宜铺设木条或其他覆盖形式保护。预制构件的预埋螺栓孔应填塞海绵棒。

4．施工图纸审核、施工技术交底制度

施工企业需对设计文件的接收、审核及设计交底、图纸会审程序、方法加以规定。有关人员应掌握工程特点、设计意图、相关的工程技术和质量要求，并可提出设计修改和优化意见。施工图纸等设计文件的接收、审核结果均应记录。设计交底、图纸会审纪要需经参加各方共同签字确认。

施工企业施工前，须通过交底确保被交底人了解本岗位的施工内容及相关要求。按照技术交底内容和程序，逐级进行技术交底，对不同技术工种的针对性交底，要达到施工操作要求。

交底的依据需包括施工组织设计、专项施工方案、施工图纸、施工工艺、技术规范及质量标准等。交底的内容一般需包括质量要求和目标、施工部位、工艺流程及标准、验收标准、使用的材料、施工机具、环境要求、进度规定及操作要点。

施工前，施工人员应学习研究有关技术要求及细部构造，构件生产、现场吊装、成品验收等应制定专项技术措施。在每一个分项工程施工前，应向作业班组进行技术交底。

装配过程中，专人监督确保各项施工方案和技术措施落实到位，各工序控制应符合规范和设计要求。

5.9　装配式混凝土建筑安全管理

5.9.1　安全生产管理组织架构

装配式混凝土建筑安全生产管理组织架构如图 5-9 所示。总承包单位项目经理为安全管理第一责任人，依法对安全生产工作全面负责。建立以项目经理为首的安全生产领导组织，有组织、有领导地开展安全管理活动，承担组织、领导安全生产的责任。

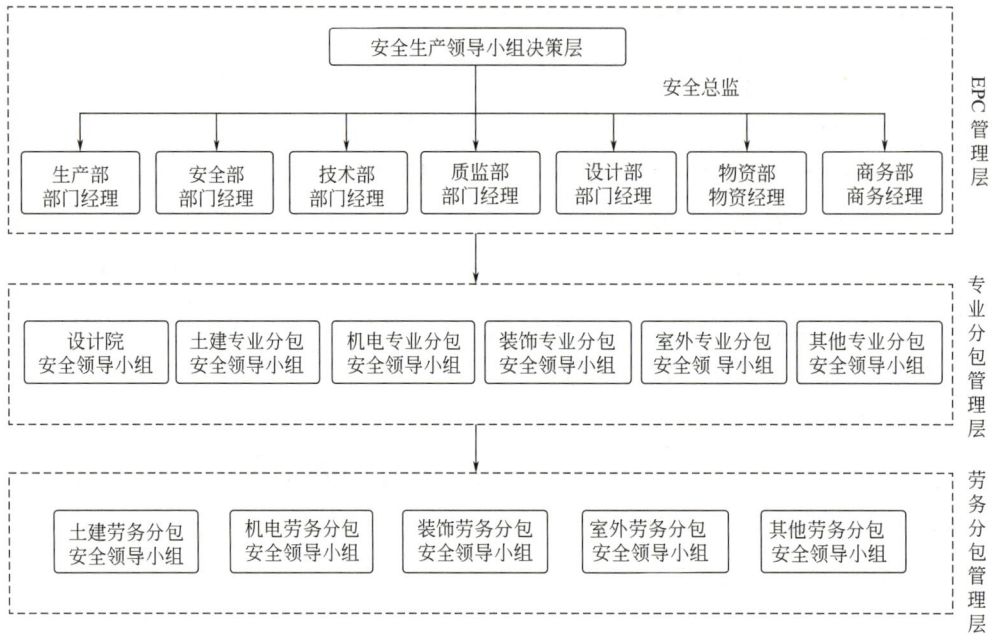

图 5-9　装配式混凝土建筑安全生产管理组织架构

项目经理应为项目安全生产主要负责人，并应负有下列职责：

（1）建立、健全项目安全生产责任制；

（2）组织制定项目安全生产规章制度和操作规程；

（3）组织制定并实施项目安全生产教育和培训计划；

（4）保证项目安全生产投入的有效实施；

（5）督促、检查项目的安全生产工作，及时消除生产安全事故隐患；

（6）组织制定并实施项目的生产安全事故应急救援预案；

（7）及时、如实报告项目生产安全事故。

5.9.2　施工现场安全管理计划

项目安全管理是对项目实施全过程的安全因素进行管理，包括制定安全方针和目标，对项目实施过程中与人、物和环境安全有关的因素进行策划和控制。施工安全管理理是一种动态管理，其目的是辨识危险及控制风险，其核心是控制事故。

1. 安全管理计划内容

项目部应根据项目的安全管理目标制定项目安全管理计划，并按规定程序批准实施。项目安全管理计划应包括下列主要内容：项目安全管理目标；项目安全管理组织机构和职责；项目危险源辨识、风险评价与控制措施；对从事危险和特种作业人员的培训教育计划；对危险源及其风险规避的宣传与警示方式；项目生产安全事故应急救援预案的演练计划。

2. 重要危险源控制

施工单位是重大危险源的管理主体，应针对装配式混凝土建筑的施工特点，根据工程特点进行安全分析，分类、分级列出重大危险源，经项目技术负责人审查后制定预防措施，编制《重要危险源清单》。在实施过程中制定相应危险源识别内容和等级并予以公示，制定相对应的安全生产应急预案，并定期开展对重大危险源的检查工作。

5.9.3 装配式混凝土建筑施工安全管理要求

装配式混凝土建筑施工过程中存在多个安全管理难点，包括构件运输、堆放风险管理；预制构件吊装、临时支撑风险管理；高空作业及临时用电管理等。

（1）严格执行国家、行业和企业的安全生产法规和规章制度，认真落实各级各类人员的安全生产责任制。

（2）施工单位应根据工程施工特点对重大危险源进行分析并予以公示，并制定相对应的安全生产应急预案。

（3）施工机械操作应符合《建筑机械使用安全技术规程》JGJ 33—2012 的规定，应按操作规程进行使用，严防伤及自己和他人。安装、拆除与使用起重设备作业前，安装单位应编制施工起重安全专项施工方案。

（4）施工现场临时用电的安全应符合国家现行标准《施工现场临时用电安全技术规范》JGJ 46—2005 和临时用电专项施工方案的规定。注浆机应配备单独的三级配电箱，并应按照"一机、一闸、一漏保、一箱"的原则进行接电。

（5）进行高空施工作业时，必须遵守国家现行标准《建筑施工高处作业安全技术规范》JGJ 80—2016 的规定。封堵注浆外墙外侧时，作业人员应使用安全带，站立于安全区域。

（6）施工单位应建立健全安全管理制度，明确各职能部门的安全职责。施工现场应具有健全的装配式施工安全管理体系、安全交底制度、施工安全检验制度和综合安全控制考核制度。

（7）定期组织召开安全施工会议，对施工现场定期组织安全检查，及时发现安全隐患并对检查发现的安全隐患进行整改，确保安全生产。

（8）装配式混凝土建筑专用施工操作平台、大型构件临时支撑、高处临边作业防护设施，应编制专项安全方案，专项方案应按规定通过专家论证。

（9）施工单位应根据装配式混凝土建筑工程的管理和施工技术特点，对从事预制构件吊装作业及相关人员进行安全培训与交底，明确预制构件进场、卸车、存放、吊装、就位各环节的作业风险及防控措施。

（10）安装作业开始前，应对安装作业区进行围护并做出明显的标识，拉警戒线，根据危险源级别安排旁站，严禁与安装作业无关的人员进入。

（11）吊装机械的选择应综合考虑最大构件重量、吊次、吊运方法、路径、建筑高度、作业半径、工期及现场条件等所涉及的安全因素。塔式起重机及其他吊装设备选型及布置应满足最不利构件吊装要求，严禁超载吊装。

（12）施工作业使用的专用吊具、吊索、定型工具式支撑、支架等，应进行安全验算，使用中进行定期、不定期检查，确保其安全状态。

（13）吊装作业安全应符合下列规定：

1）预制构件起吊后，应先将预制构件提升300mm左右后，停稳构件，检查钢丝绳、吊具和预制构件状态，确认吊具安全且构件平稳后，方可缓慢提升构件。

2）吊机吊装区域内，非作业人员严禁进入；吊运预制构件时，构件下方严禁站人，应待预制构件降落至距地面1m以内方准作业人员靠近，就位固定后方可脱钩。

3）高空应通过缆风绳改变预制构件方向，严禁高空直接用手扶预制构件。

4）遇到雨、雪、雾天气，或者风力大于5级时，不得进行吊装作业。

（14）施工现场场地、道路应满足预制构件运输、堆放的要求。但运输及堆放均在地下室顶板上时，应对地下室顶板道路区结构进行强度验算，经设计确认允许通行。

复习思考题

1. 简述EPC总承包管理模式的优势。
2. 简述装配式建筑施工部署要点。
3. 简述装配式混凝土建筑施工组织设计管理要点。
4. 简述装配式混凝土建筑施工现场安全管理要点。
5. 简述装配式混凝土建筑施工进度管理保证措施。
6. 简述装配式混凝土建筑施工质量管理控制要求。

参考文献

[1] 齐奕，顾勇新．装配式建筑 EPC 总包管理 [M]．北京：中国建筑工业出版社，2021．

[2] 赵丽．装配式建筑工程总承包管理实施指南 [M]．北京：中国建筑工业出版社，2019．

[3] 李永福．EPC 工程总承包全过程管理 [M]．北京：中国电力出版社，2019．

[4] 李永福．EPC 工程总承包设计管理 [M]．北京：中国建筑工业出版社，2020．

[5] 李森，张永波．EPC 工程总承包全过程管理 [M]．北京：中国建筑工业出版社，2020．

[6] 李森．建设项目工程总承包管理规范实施指南 [M]．北京：中国建筑工业出版社，2018．